Wimmelbildrechnen 1

Lese- und Rechenaufgaben im Zahlenraum bis 10
und bis 20 und im Zahlenraum bis 100

1./2. Klasse

Mit Lösungen

SCHUBI®

Fred Roemer
Illustrationen: Janka Schröder

Kopierrecht

CH-8207 Schaffhausen

service@schubi.com
www.schubi.com

1. Auflage 2011

ISBN 978-3-86723-262-3

No 242 15

Vorwort

Wer ist ihr nicht schon einmal erlegen – der Faszination, mit der Wimmelbilder uns in ihren Bann ziehen? Was zunächst oft als Gewimmel von Linien und Formen wahrgenommen wird, eröffnet uns bei genauerem Betrachten einen Mikrokosmos aus Bildern und kleinen Geschichten und weckt die Neugier auf weitere Entdeckungen.

Sind mit dem Betrachten von Wimmelbildern gezielte Suchaufträge verbunden, erwacht in uns zusätzlich der Ehrgeiz, den gestellten Anforderungen gerecht zu werden. So kam ich auf die Idee, diese Freude am Entdecken, die vielen Kindern zu eigen ist, für die Beschäftigung mit Aufgabenstellungen aus der Welt der Zahlen zu nutzen und damit zu verknüpfen. Denn auch in der Zahlenwelt gibt es vieles zu entdecken.

Schon in den Bänden „Matheknobeleien 1 bis 3" habe ich einige Wimmelbilder mit zugehörigen Such- und Rechenaufträgen eingesetzt. Ich bin immer wieder verblüfft und begeistert über den Enthusiasmus, mit dem sich Kinder den in Rätselform verpackten Matheübungen widmen, selbst wenn Rechnen nicht zu ihren Lieblingsbeschäftigungen gehört oder sie sogar Schwierigkeiten in diesem Fach haben.

Ich freue mich sehr, dass wir Janka Schröder wieder als Illustratorin gewinnen konnten. Ihr an schönster Comic-Tradition angelehnter Zeichenstil haucht den Bildern Leben ein und veranlasst den Betrachter, trotz durchaus ernst gemeinter Arbeitsaufträge, zum einen oder anderen Schmunzeln.

Nun wünsche ich Ihnen und Ihren Schulkindern viel Vergnügen beim Suchen und Entdecken!

Fred Roemer

Inhalt

Inhalt

Inhalt

Allgemeine Hinweise

Das Inhaltsverzeichnis gibt Auskunft über die verlangten oder geübten Rechenfertigkeiten sowie den Zahlenraum und den Leseanteil. Es gibt Blätter, bei denen die Kinder nach einer kurzen Erklärung durch die Lehrperson ohne Lesekenntnisse zurechtkommen (Leseanteil I) bis hin zu Blättern, bei denen die Kinder sämtliche Informationen zu den Bildern dem Text entnehmen müssen (Leseanteil IIII).

Zu jedem Wimmelbild sind zwei Arbeitblätter vorhanden. Diese unterscheiden sich im Schwierigkeitsgrad der Rechenaufgaben und oft auch im Leseanteil. Das einfachere Blatt ist mit einem Stern gekennzeichnet ☆, das anspruchsvollere mit zwei Sternen ☆ ☆.

Die Wimmelbilder verlangen genaues Beobachten, die Aufgaben mit erhöhtem Leseanteil zusätzlich genaues Lesen.

Die Wimmelbilder eignen sich auch, um selbst weitere Aufgaben zusammenzustellen. Bei Aufgaben mit Rastern (z. B. Seite 17) können vor dem Kopieren die Zahlen am linken und am oberen Rand ausgetauscht werden.
Schnelle Rechnerinnen und Rechner können zu einem Wimmelbild selbst Aufgaben für ihre Klassenkameradinnen und -kameraden erfinden.

Allgemeine Hinweise

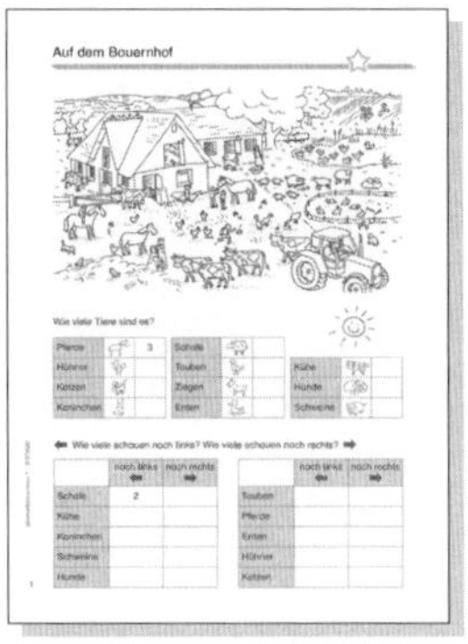

Auf dem Bauernhof

Seite 1

Seite 1 – Auf dem Bauernhof
Bei der ersten Aufgabe kommt jede Zahl von 0 bis 10 genau einmal vor.

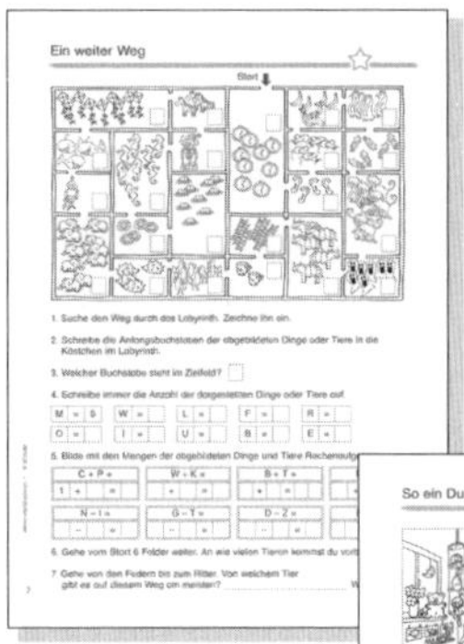

Ein weiter Weg

Seite 7

Seite 7 – Ein weiter Weg
Bei Aufgabe 4 sind die Anlaute der abgebildeten Dinge aus dem Labyrinth angegeben.

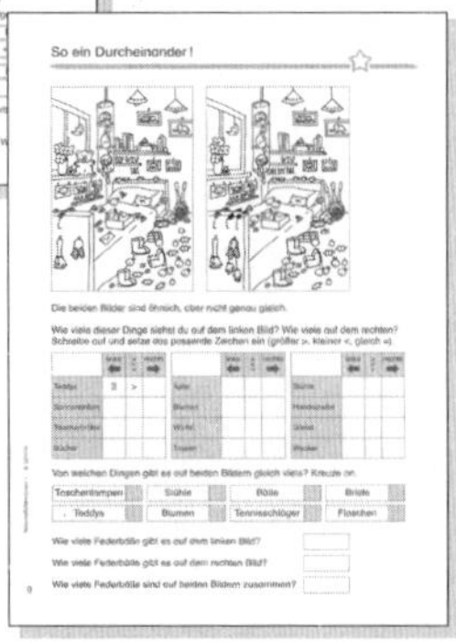

So ein Durcheinander!

Seite 9

Seite 9 – So ein Durcheinander!
Um bessere Übersicht zu erhalten, kann das Kind vor oder während des Lösens der Aufgaben gleiche Gegenstände in beiden Bildern mit der gleichen Farbe ausmalen.

Zahlenfolgen

Seite 25

Seite 25 – Zahlenfolgen
Die Bildfolgen sind nur waagerecht abgebildet, es gibt keine Überschneidungen.

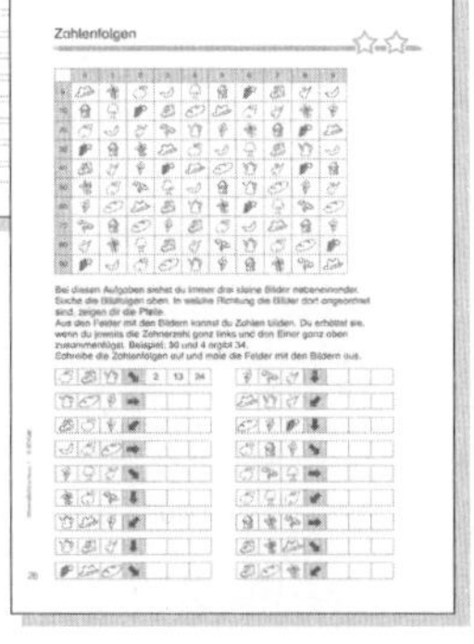

Zahlenfolgen

Seite 26

Seite 26 – Zahlenfolgen
Hier gibt es auch Überschneidungen, also Bilder, die von zwei Aufgaben verwendet werden. Eventuell ist es für die Kinder einfacher, die Zahlenfolgen einzukreisen anstatt auszumalen.

Auf dem Bauernhof

Wie viele Tiere sind es?

Pferde		3
Hühner		
Katzen		
Kaninchen		

Schafe		
Tauben		
Ziegen		
Enten		

Kühe		
Hunde		
Schweine		

⬅ Wie viele schauen nach links? Wie viele schauen nach rechts? ➡

	nach links ⬅	nach rechts ➡
Schafe	2	
Kühe		
Kaninchen		
Schweine		
Hunde		

	nach links ⬅	nach rechts ➡
Tauben		
Pferde		
Enten		
Hühner		
Katzen		

Auf dem Bauernhof

Lösung

Wie viele Tiere sind es?

Pferde		3
Hühner		8
Katzen		2
Kaninchen		6

Schafe		4
Tauben		10
Ziegen		0
Enten		9

Kühe		7
Hunde		1
Schweine		5

⬅ Wie viele schauen nach links? Wie viele schauen nach rechts? ➡

	nach links ⬅	nach rechts ➡
Schafe	2	2
Kühe	4	3
Kaninchen	2	4
Schweine	3	2
Hunde	0	1

	nach links ⬅	nach rechts ➡
Tauben	7	3
Pferde	1	2
Enten	3	6
Hühner	4	4
Katzen	1	1

Auf dem Bauernhof

Wie viele Tiere siehst du? Wie viele sind noch im Stall?
Von jedem Tier gibt es genau 10. Einige kannst du sehen,
weil sie gerade im Freien sind. Die übrigen befinden sich im Stall.

		im Freien	im Stall
Enten		9	
Schweine			
Kaninchen			
Tauben			
Schafe			

		im Freien	im Stall
Hunde			
Pferde			
Katzen			
Hühner			
Kühe			

Wie viele Tiere schauen nach links? ⬅	
Tauben	
Kühe + Pferde	
Tauben + Enten	
Schafe + Katzen + Schweine	
Hunde + Kaninchen + Hühner + Enten	

Wie viele Tiere schauen nach rechts? ➡	
Enten	
Pferde + Schweine	
Schafe + Tauben	
Kühe + Hunde + Hühner	
Katzen + Pferde + Kühe + Kaninchen	

Auf dem Bauernhof

Lösung

Wie viele Tiere siehst du? Wie viele sind noch im Stall?
Von jedem Tier gibt es genau 10. Einige kannst du sehen,
weil sie gerade im Freien sind. Die übrigen befinden sich im Stall.

		im Freien	im Stall
Enten		9	1
Schweine		5	5
Kaninchen		6	4
Tauben		10	0
Schafe		4	6

		im Freien	im Stall
Hunde		1	9
Pferde		3	7
Katzen		2	8
Hühner		8	2
Kühe		7	3

Wie viele Tiere schauen nach links?	
Tauben	7
Kühe + Pferde	5
Tauben + Enten	10
Schafe + Katzen + Schweine	6
Hunde + Kaninchen + Hühner + Enten	9

Wie viele Tiere schauen nach rechts?	
Enten	6
Pferde + Schweine	4
Schafe + Tauben	5
Kühe + Hunde + Hühner	8
Katzen + Pferde + Kühe + Kaninchen	10

Sammelsurium

Auf welchem Brett stehen die Dinge? Schreibe die Nummern auf.

	Nummer des Brettes
	6

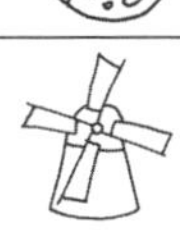	

	Nummer des Brettes
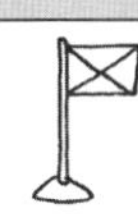	

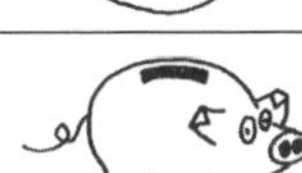	
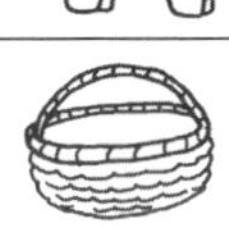	

	Nummer des Brettes
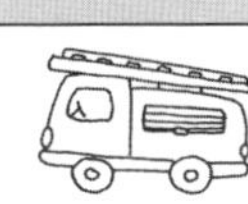	

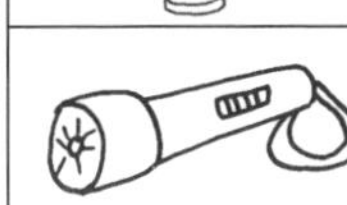	

Sammelsurium

Lösung

Auf welchem Brett stehen die Dinge? Schreibe die Nummern auf.

	Nummer des Brettes		Nummer des Brettes		Nummer des Brettes
	6	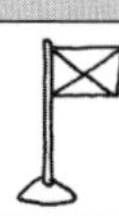	3		2
	2		5		6
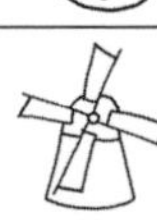	9		8		1
	1		4		7
	4		5		3
	7		8	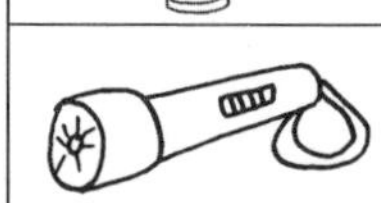	9

Sammelsurium

1.) In diesem Regal stehen viele Dinge wild durcheinander. Schreibe zu jedem Bild die Nummer des Regalbrettes auf.

	Nummer des Brettes		Nummer des Brettes		Nummer des Brettes
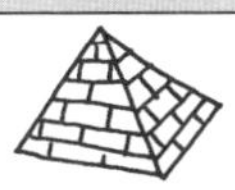	6				

				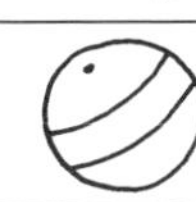	

2.) Im Regal gibt es drei Dinge doppelt. Welche?
Schreibe die beiden Nummern der Regalbretter auf. Auf die Linie schreibst du, um welchen Gegenstand es sich handelt.

☐☐ ________________ ☐☐ ________________ ☐☐ ________________

3.) Auch diese Dinge gibt es mehrfach. Schreibe die Nummern der Regalbretter auf.

Werkzeuge: ☐☐ Bäume: ☐☐ Vögel: ☐☐☐

Sammelsurium

Lösung

1.) In diesem Regal stehen viele Dinge wild durcheinander. Schreibe zu jedem Bild die Nummer des Regalbrettes auf.

	Nummer des Brettes
	6
	8
	2

	Nummer des Brettes
	5
	9
	1

	Nummer des Brettes
	6
	3
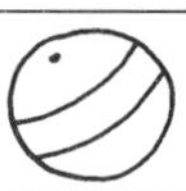	7

2.) Im Regal gibt es drei Dinge doppelt. Welche?
Schreibe die beiden Nummern der Regalbretter auf. Auf die Linie schreibst du, um welchen Gegenstand es sich handelt.

1 | 6 Trompete

4 | 9 Blume

2 | 7 Apfel

3.) Auch diese Dinge gibt es mehrfach. Schreibe die Nummern der Regalbretter auf.

Werkzeuge: 2 | 8 Bäume: 1 | 5 Vögel: 5 | 6 | 8

Ein verrücktes Spiel

Was für ein Durcheinander!
Es sind zu viele Spieler und zu viele Bälle auf dem Platz.

1.) Wie viele Bälle sind auf oder neben dem Spielfeld?

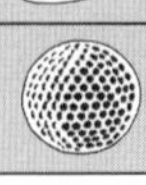	

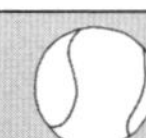	
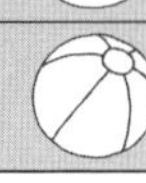	

2.) Wie viele Bälle sind es insgesamt? Zähle alle Bälle jeder Sorte zusammen.

	+			
5	+		=	

	+	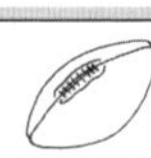		
	+		=	

	+	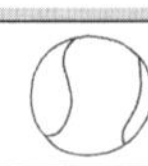		
	+		=	

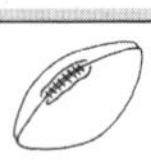	+	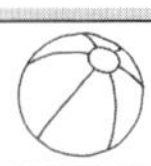		
	+		=	

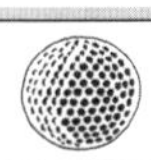	+			
	+		=	

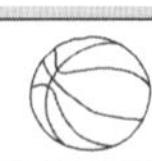	+			
	+		=	

	+	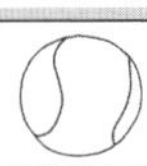		
	+		=	

	+			
	+		=	

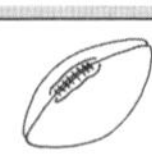	+	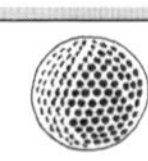		
	+		=	

3.) Suche die Spieler mit diesen Nummern. Male ihre Trikots an.

1 = blau	2 = rot	3 = gelb	4 = grün	5 = braun	6 = orange	7 = lila	8 = grau

Ein verrücktes Spiel

Lösung

Was für ein Durcheinander!
Es sind zu viele Spieler und zu viele Bälle auf dem Platz.

1.) Wie viele Bälle sind auf oder neben dem Spielfeld?

	5		3		2		1
	8	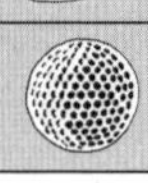	6		4	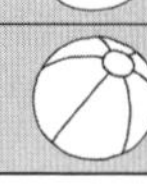	7

2.) Wie viele Bälle sind es insgesamt? Zähle alle Bälle jeder Sorte zusammen.

 + 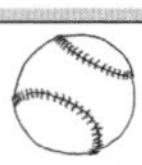

5	+	2	=	7	

 + 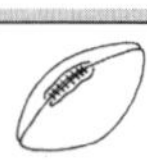

4	+	3	=	7	

 + 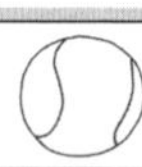

8	+	1	=	9	

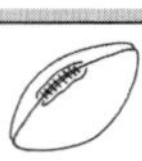 + 

3	+	7	=	1	0

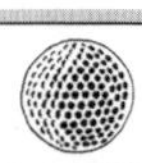 + 

6	+	2	=	8	

 + 

4	+	5	=	9	

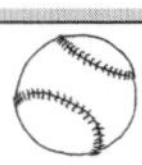 + 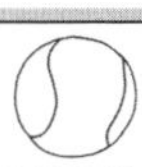

2	+	1	=	3	

 + 

4	+	5	=	9	

 + 

3	+	6	=	9	

3.) Suche die Spieler mit diesen Nummern. Male ihre Trikots an.

1 = blau	2 = rot	3 = gelb	4 = grün	5 = braun	6 = orange	7 = lila	8 = grau

Ein verrücktes Spiel

Bei diesem Spiel geht es hoch zu und her. Viel zu viele Spieler und Bälle sind auf dem Platz! Die Torleute können einem leidtun und die Schiedsrichter blicken schon lange nicht mehr durch.

1.) Von welcher Sorte gibt es mehr Bälle auf oder neben dem Spielfeld? Schreibe neben die Bälle die Anzahl. In den Kreis in der Mitte trägst du das Zeichen für mehr oder weniger ein (> oder <).

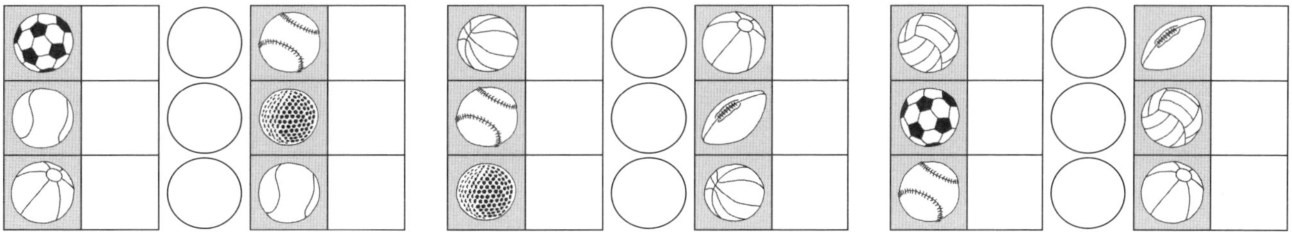

2.) Wie viele Bälle sind es insgesamt? Zähle immer alle Bälle jeder Sorte zusammen.

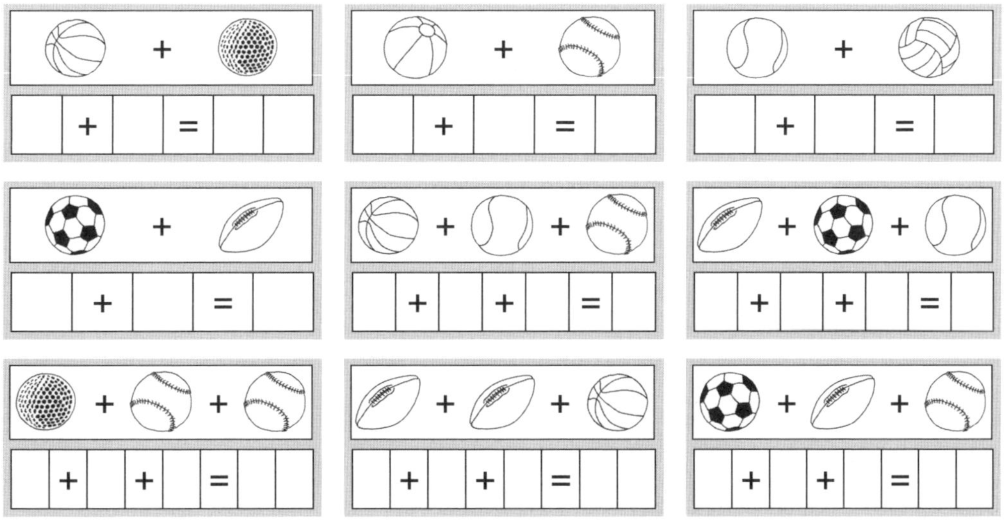

Ein verrücktes Spiel

Lösung

Bei diesem Spiel geht es hoch zu und her. Viel zu viele Spieler und Bälle sind auf dem Platz! Die Torleute können einem leidtun und die Schiedsrichter blicken schon lange nicht mehr durch.

1.) Von welcher Sorte gibt es mehr Bälle auf oder neben dem Spielfeld? Schreibe neben die Bälle die Anzahl. In den Kreis in der Mitte trägst du das Zeichen für mehr oder weniger ein (> oder <).

	5	>		2
	1	<		6
	7	>		1

	4	<		7
	2	<		3
	6	>		4

	8	>		3
	5	<		8
	2	<		7

2.) Wie viele Bälle sind es insgesamt? Zähle immer alle Bälle jeder Sorte zusammen.

+ : 4 + 6 = 10

+ : 7 + 2 = 9

+ : 1 + 8 = 9

+ : 5 + 3 = 8

+ + : 4 + 1 + 2 = 7

+ + : 3 + 5 + 1 = 9

+ + : 6 + 2 + 2 = 10

+ + : 3 + 3 + 4 = 10

+ + : 5 + 3 + 2 = 10

Ein weiter Weg

Start

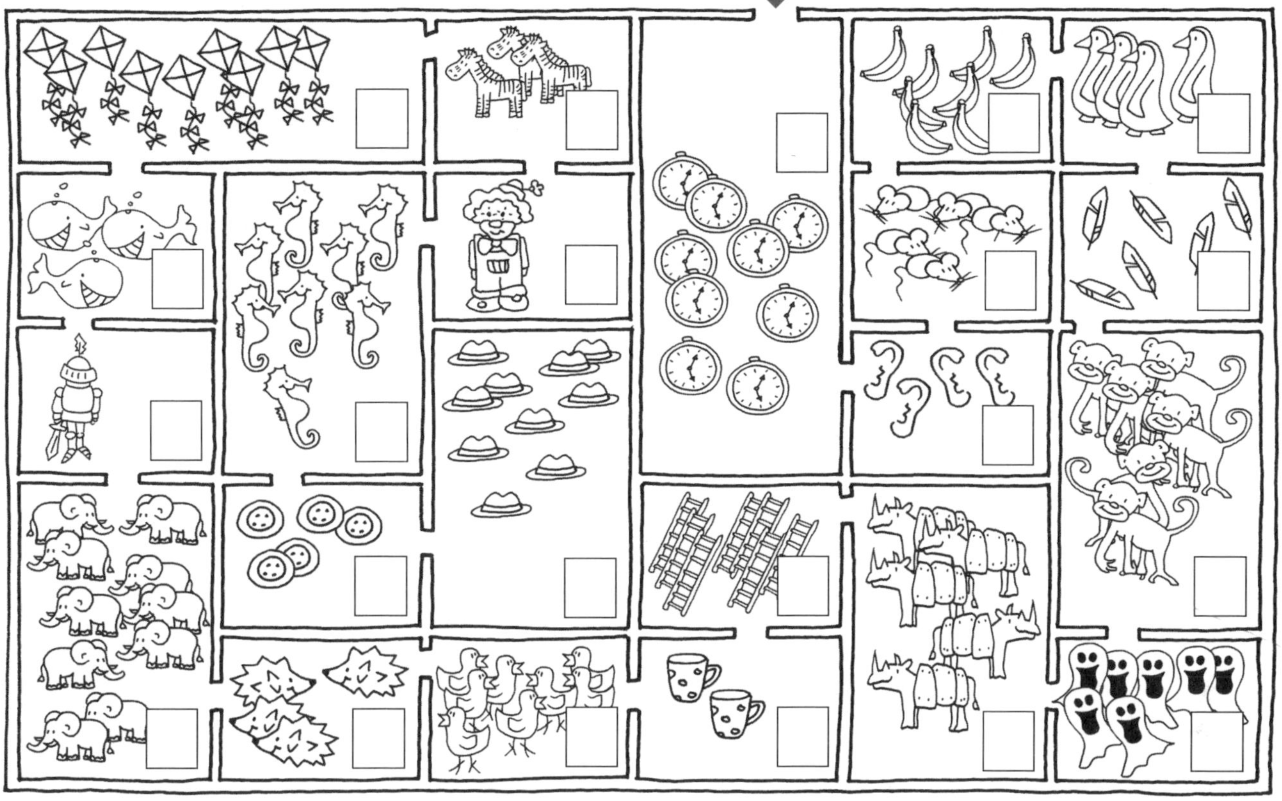

1.) Suche den Weg durch das Labyrinth. Zeichne ihn ein.

2.) Schreibe die Anfangsbuchstaben der abgebildeten Dinge oder Tiere in die Kästchen im Labyrinth.

3.) Welcher Buchstabe steht im Zielfeld? ☐

4.) Schreibe immer die Anzahl der dargestellten Dinge oder Tiere auf.

M	=	5	W	=		L	=		F	=		R	=	
O	=		I	=		U	=		B	=		E	=	

5.) Bilde mit den Mengen der abgebildeten Dinge und Tiere Rechenaufgaben.

C + P =	W + K =	B + T =	R + F =
1 + ☐ = ☐	☐ + ☐ = ☐	☐ + ☐ = ☐ ☐	☐ + ☐ = ☐

N – I =	G – T =	D – Z =	H – L =
☐ – ☐ = ☐	☐ – ☐ = ☐	☐ – ☐ = ☐	☐ ☐ – ☐ = ☐

6.) Gehe vom Start 6 Felder weiter. An wie vielen Tieren kommst du vorbei? ☐

7.) Gehe von den Federn bis zum Ritter. Von welchem Tier gibt es auf diesem Weg am meisten? ____________________ Wie viele? ☐

Ein weiter Weg

Lösung

Start

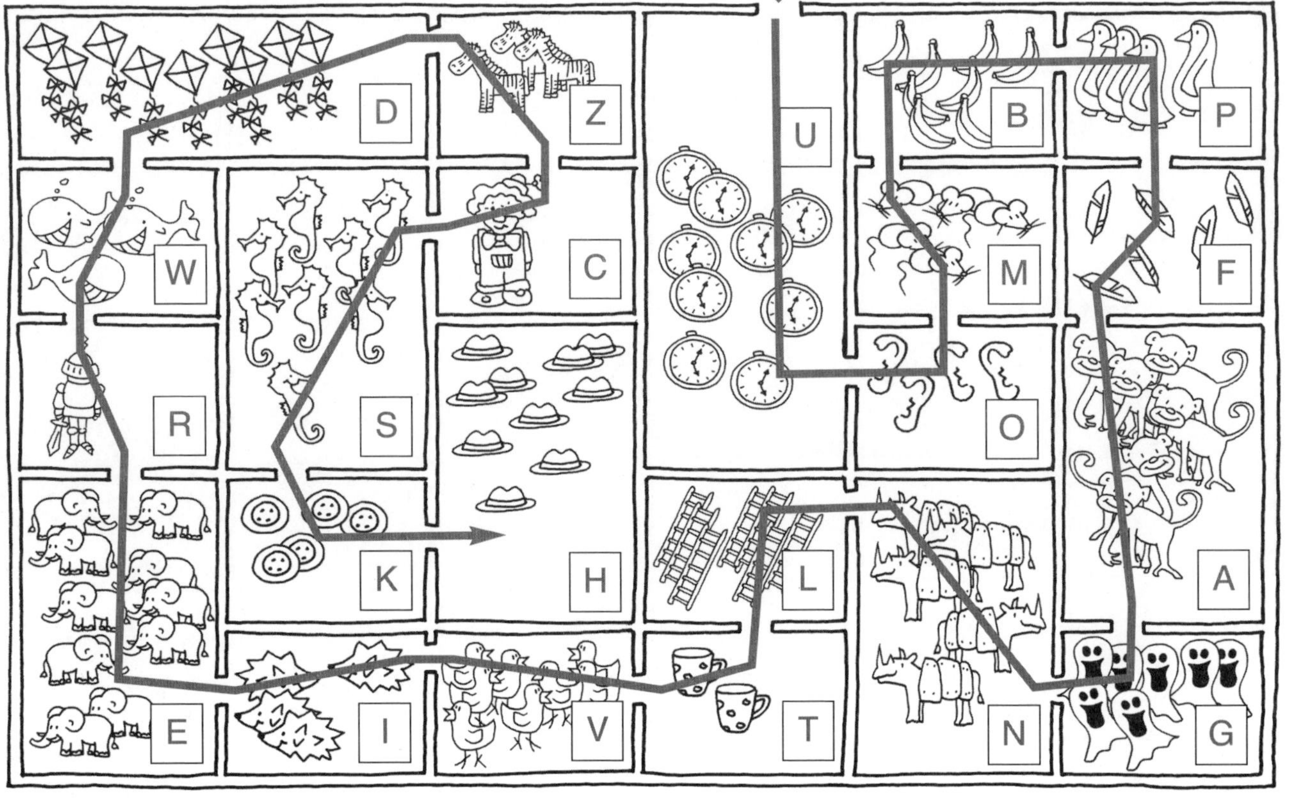

1.) Suche den Weg durch das Labyrinth. Zeichne ihn ein.

2.) Schreibe die Anfangsbuchstaben der abgebildeten Dinge oder Tiere in die Kästchen im Labyrinth.

3.) Welcher Buchstabe steht im Zielfeld? H

4.) Schreibe immer die Anzahl der dargestellten Dinge oder Tiere auf.

M	=	5	W	=	3	L	=	7	F	=	6	R	=	1
O	=	4	I	=	4	U	=	9	B	=	8	E	=	10

5.) Bilde mit den Mengen der abgebildeten Dinge und Tiere Rechenaufgaben.

C + P =	1 + 4 = 5
W + K =	3 + 5 = 8
B + T =	8 + 2 = 10
R + F =	1 + 6 = 7
N – I =	5 – 4 = 1
G – T =	7 – 2 = 5
D – Z =	9 – 3 = 6
H – L =	10 – 7 = 3

6.) Gehe vom Start 6 Felder weiter. An wie vielen Tieren kommst du vorbei? 9

7.) Gehe von den Federn bis zum Ritter. Von welchem Tier gibt es auf diesem Weg am meisten? Elefanten Wie viele? 10

Ein weiter Weg

Start

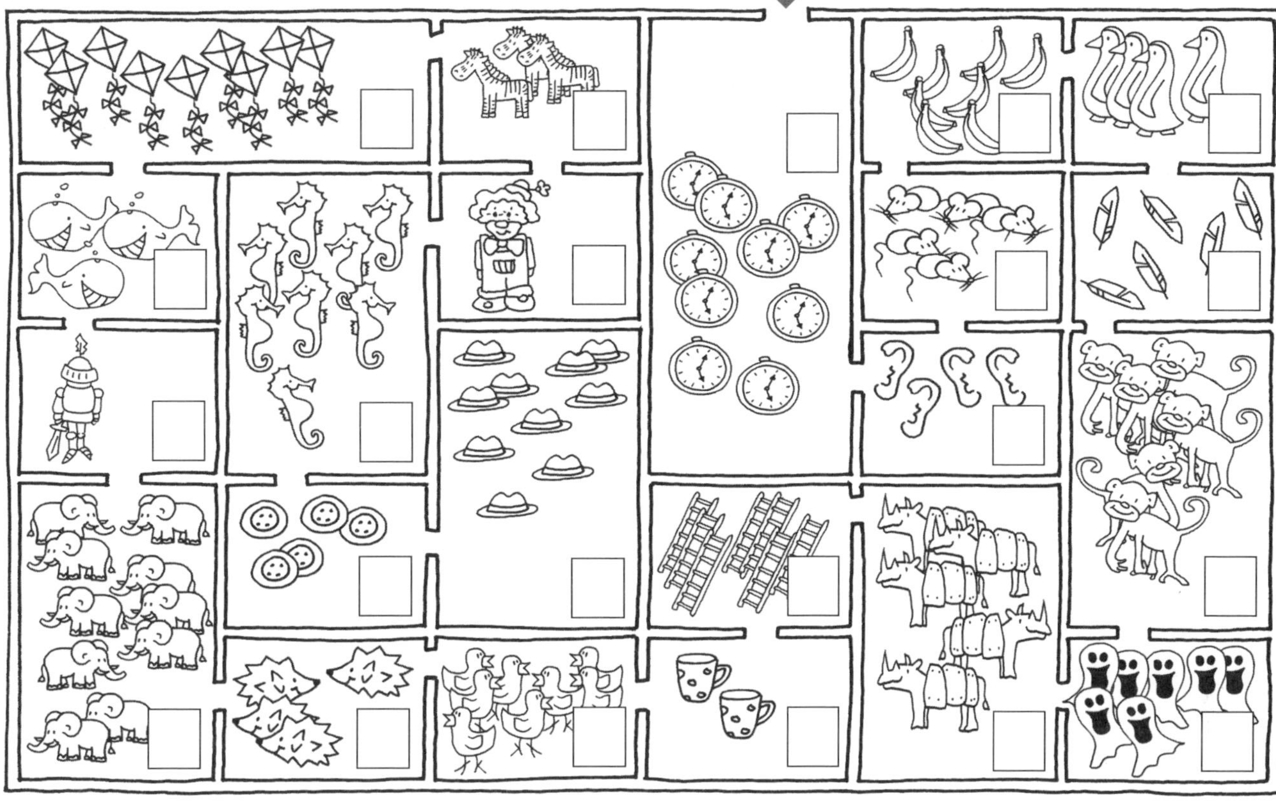

1.) Suche den Weg durch das Labyrinth. Zeichne ihn ein.

2.) Schreibe in die Kästchen im Labyrinth die Anzahl der abgebildeten Dinge oder Tiere.

3.)

Was ist im 3. Feld abgebildet?	Was ist im 7. Feld abgebildet?	Was ist im 10. Feld abgebildet?

4.) Bilde mit den Mengen der abgebildeten Dinge und Tiere Rechenaufgaben.

Affen und Ohren					
6	+		=		

Nashörner und Igel				
	+		=	

Zebras und Pinguine				
	+		=	

Mäuse und Tassen				
	+		=	

Elefanten und Seepferdchen					
		–		=	

Knöpfe und Igel				
	–		=	

Vögel und Wale				
	–		=	

Gespenster und Ritter				
	–		=	

5.) Gehe vom Start zu den Affen. Das wievielte Feld ist das? ☐

6.) Gehe von den Affen 5 Felder weiter. Was siehst du in diesem Feld? ☐

7.) Wie viele Felder musst du nun noch bis zum Ritter gehen? ☐

8.) Gehe vom Ritter zum Clown. An wie vielen Tieren kommst du vorbei? ☐

9.) Wie viele Felder fehlen jetzt noch bis zum Ziel? ☐

Ein weiter Weg

Lösung

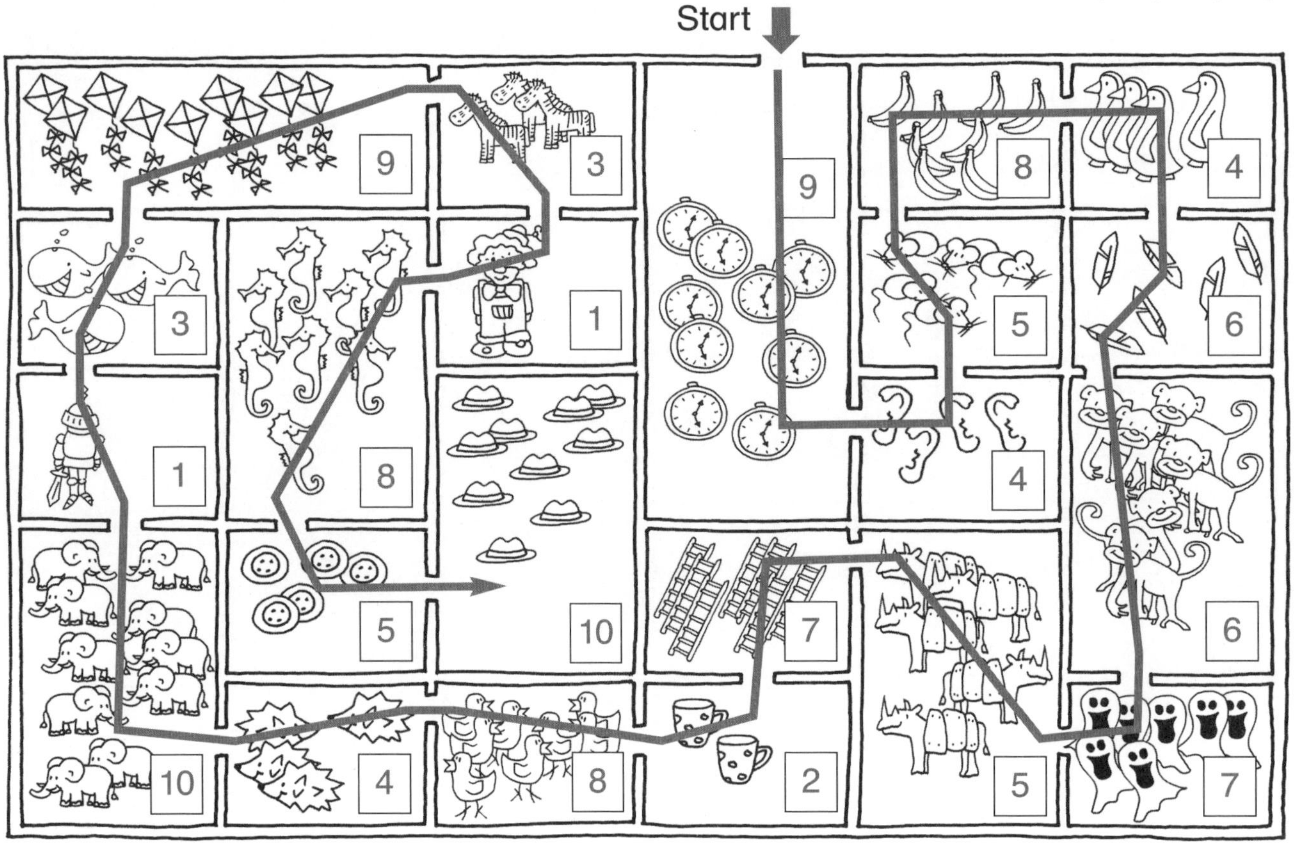

1.) Suche den Weg durch das Labyrinth. Zeichne ihn ein.

2.) Schreibe in die Kästchen im Labyrinth die Anzahl der abgebildeten Dinge oder Tiere.

3.)

Was ist im 3. Feld abgebildet?	Was ist im 7. Feld abgebildet?	Was ist im 10. Feld abgebildet?
(5) Mäuse	(6) Affen	(7) Leitern

4.) Bilde mit den Mengen der abgebildeten Dinge und Tiere Rechenaufgaben.

Affen und Ohren	Nashörner und Igel	Zebras und Pinguine	Mäuse und Tassen
6 + 4 = 10	5 + 4 = 9	3 + 4 = 7	5 + 2 = 7

Elefanten und Seepferdchen	Knöpfe und Igel	Vögel und Wale	Gespenster und Ritter
10 – 8 = 2	5 – 4 = 1	8 – 3 = 5	7 – 1 = 6

5.) Gehe vom Start zu den Affen. Das wievielte Feld ist das? 7.

6.) Gehe von den Affen 5 Felder weiter. Was siehst du in diesem Feld? (8) Vögel

7.) Wie viele Felder musst du nun noch bis zum Ritter gehen? 3

8.) Gehe vom Ritter zum Clown. An wie vielen Tieren kommst du vorbei? 6

9.) Wie viele Felder fehlen jetzt noch bis zum Ziel? 3

So ein Durcheinander !

Die beiden Bilder sind ähnlich, aber nicht genau gleich.

1.) Wie viele dieser Dinge siehst du auf dem linken Bild?
Wie viele auf dem rechten? Schreibe auf und setze
das passende Zeichen ein (größer >, kleiner <, gleich =).

	links ⬅	> < =	rechts ➡
Teddys	2	>	
Sonnenbrillen			
Taucherbrillen			
Bücher			

	links ⬅	> < =	rechts ➡
Äpfel			
Blumen			
Würfel			
Tassen			

	links ⬅	> < =	rechts ➡
Stühle			
Handschuhe			
Stiefel			
Wecker			

2.) Von welchen Dingen gibt es auf beiden Bildern gleich viele? Kreuze an.

Taschenlampen		Stühle		Bälle		Briefe	
Teddys		Blumen		Tennisschläger		Flaschen	

3.) Wie viele Federbälle gibt es auf dem linken Bild? ☐

4.) Wie viele Federbälle gibt es auf dem rechten Bild? ☐

5.) Wie viele Federbälle sind auf beiden Bildern zusammen? ☐

So ein Durcheinander!

Lösung

Die beiden Bilder sind ähnlich, aber nicht genau gleich.

1.) Wie viele dieser Dinge siehst du auf dem linken Bild?
Wie viele auf dem rechten? Schreibe auf und setze das passende Zeichen ein (größer >, kleiner <, gleich =).

	links	> < =	rechts
Teddys	2	>	1
Sonnenbrillen	1	<	3
Taucherbrillen	1	=	1
Bücher	8	>	6

	links	> < =	rechts
Äpfel	6	<	9
Blumen	3	<	4
Würfel	7	>	5
Tassen	4	<	5

	links	> < =	rechts
Stühle	2	=	2
Handschuhe	4	<	6
Stiefel	6	=	6
Wecker	1	>	0

2.) Von welchen Dingen gibt es auf beiden Bildern gleich viele? Kreuze an.

Taschenlampen	X	Stühle	X	Bälle	X	Briefe	
Teddys		Blumen		Tennisschläger		Flaschen	X

3.) Wie viele Federbälle gibt es auf dem linken Bild? 7

4.) Wie viele Federbälle gibt es auf dem rechten Bild? 3

5.) Wie viele Federbälle sind auf beiden Bildern zusammen? 10

So ein Durcheinander !

Beide Bilder sehen sich ziemlich ähnlich. Aber nur die Unordnung ist auf beiden Bildern gleich. Ansonsten unterscheiden sie sich in vielen Kleinigkeiten.

1.) Die Dinge auf den beiden Bildern sind ungleich verteilt. Wie viele Dinge siehst du auf dem linken Bild und wie viele auf dem rechten? Schreibe auf und setze das passende Zeichen ein für mehr (>), weniger (<) oder gleich viel (=).

	links	> < =	rechts
Bilder	8	<	
Federbälle			

	links	> < =	rechts
Bausteine			
Puzzleteile			

	links	> < =	rechts
Flaschen			
Briefe			

2.) Wie oft gibt es diese Dinge auf beiden Bildern zusammen?

Teddys		Tassen		Blumen	
Bälle		Tennisschläger		Vasen	
Sonnenbrillen		Handschuhe		Wecker	

3.) Vergleiche die Mengen.

Wie viele Äpfel mehr sind auf dem rechten Bild als auf dem linken?	
Wie viele Wecker weniger gibt es auf dem rechten Bild als auf dem linken?	
Wie viele Federbälle mehr sind auf dem linken Bild als auf dem rechten?	
Wie viele Bausteine mehr gibt es auf dem rechten Bild als auf dem linken?	

Wie viele Bücher weniger sind auf dem rechten Bild als auf dem linken?	
Wie viele Sonnenbrillen mehr sind auf dem rechten Bild als auf dem linken?	
Wie viele Würfel weniger sind auf dem rechten Bild als auf dem linken?	
Wie viele Puzzleteile weniger gibt es auf dem rechten Bild als auf dem linken?	

So ein Durcheinander!

Lösung

Beide Bilder sehen sich ziemlich ähnlich. Aber nur die Unordnung ist auf beiden Bildern gleich. Ansonsten unterscheiden sie sich in vielen Kleinigkeiten.

1.) Die Dinge auf den beiden Bildern sind ungleich verteilt. Wie viele Dinge siehst du auf dem linken Bild und wie viele auf dem rechten? Schreibe auf und setze das passende Zeichen ein für mehr (>), weniger (<) oder gleich viel (=).

	links	> < =	rechts
Bilder	8	<	10
Federbälle	7	>	3

	links	> < =	rechts
Bausteine	6	<	9
Puzzleteile	10	>	7

	links	> < =	rechts
Flaschen	8	=	8
Briefe	4	>	3

2.) Wie oft gibt es diese Dinge auf beiden Bildern zusammen?

Teddys	3	Tassen	9	Blumen	7
Bälle	10	Tennisschläger	5	Vasen	2
Sonnenbrillen	4	Handschuhe	10	Wecker	1

3.) Vergleiche die Mengen.

Wie viele Äpfel mehr sind auf dem rechten Bild als auf dem linken?	3
Wie viele Wecker weniger gibt es auf dem rechten Bild als auf dem linken?	1
Wie viele Federbälle mehr sind auf dem linken Bild als auf dem rechten?	4
Wie viele Bausteine mehr gibt es auf dem rechten Bild als auf dem linken?	3

Wie viele Bücher weniger sind auf dem rechten Bild als auf dem linken?	2
Wie viele Sonnenbrillen mehr sind auf dem rechten Bild als auf dem linken?	2
Wie viele Würfel weniger sind auf dem rechten Bild als auf dem linken?	2
Wie viele Puzzleteile weniger gibt es auf dem rechten Bild als auf dem linken?	3

Dächerlabyrinth

In dieser Stadt sind die Dächer mit Leitern verbunden. An den Leitern sind Buchstaben. Die Buchstaben helfen dir, die Wege zu finden.

1.) Starte bei der Katze.
Gehe über die Leitern A, D und E. Welche Zahl ist auf dem Dach?

2.) Starte bei der Tonne.
Gehe über die Leitern R, Y und Z. Welche Zahl ist auf dem Dach?

3.) Starte bei der Krone.
Gehe über die Leitern M, B, P und H. Welche Zahl ist auf dem Dach?

4.) Starte beim Koffer.
Gehe über die Leitern D, C, B und A. Welche Zahl ist auf dem Dach?

5.) Starte bei der Schatztruhe. Suche den Weg zur Tonne.

Über welche Leitern musst du gehen?

An welche Zahlen kommst du vorbei? Startzahl Zielzahl

6.) Starte beim Hund. Suche den Weg zum Schwein.

Über welche Leitern musst du gehen?

An welche Zahlen kommst du vorbei? Startzahl Zielzahl

Dächerlabyrinth

Lösung

In dieser Stadt sind die Dächer mit Leitern verbunden. An den Leitern sind Buchstaben. Die Buchstaben helfen dir, die Wege zu finden.

1.) Starte bei der Katze.
Gehe über die Leitern A, D und E. Welche Zahl ist auf dem Dach? **4**

2.) Starte bei der Tonne.
Gehe über die Leitern R, Y und Z. Welche Zahl ist auf dem Dach? **7**

3.) Starte bei der Krone.
Gehe über die Leitern M, B, P und H. Welche Zahl ist auf dem Dach? **2**

4.) Starte beim Koffer.
Gehe über die Leitern D, C, B und A. Welche Zahl ist auf dem Dach? **3**

5.) Starte bei der Schatztruhe. Suche den Weg zur Tonne.

Über welche Leitern musst du gehen? P D C B A R

An welche Zahlen kommst du vorbei? Startzahl 8 7 3 6 4 3 5 Zielzahl

6.) Starte beim Hund. Suche den Weg zum Schwein.

Über welche Leitern musst du gehen? B A Y Z B

An welche Zahlen kommst du vorbei? Startzahl 6 4 3 7 7 6 Zielzahl

Dächerlabyrinth

Die Dächer in dieser Stadt sind durch Leitern miteinander verbunden.
Die Leitern sind mit Buchstaben gekennzeichnet. Die Buchstaben helfen dir, die Wege zu finden.

1.) Starte beim Paket.
Gehe über die Leitern B, D und G. Welche Zahl ist auf dem Dach? ☐

2.) Starte beim Ball.
Gehe über die Leitern G, B, C, H und K. Welche Zahl ist auf dem Dach? ☐

3.) Starte bei der Schatztruhe.
Gehe in Richtung Ball. Bleibe nach der vierten Leiter stehen. Über welche Leitern bist du gegangen? ☐ ☐ ☐ ☐

Über welche Zahlen bist du gekommen? Startzahl ○ ○ ○ ○ ○ Zielzahl

4.) Welche Zahl kommt auf den Dächern am meisten vor?

Es ist die ☐. Sie kommt ☐-mal vor.

5.) Die 3 und die 8 kommen gleich oft vor. Wie oft? ☐-mal.

6.) Der Hund möchte zur 10. Hilf ihm, den Weg zu finden. Über welche Leitern kommst du?

☐ ☐ ☐ ☐ ☐ ☐ ☐ ☐ ☐ ☐ ☐

Dächerlabyrinth

Lösung

Die Dächer in dieser Stadt sind durch Leitern miteinander verbunden.
Die Leitern sind mit Buchstaben gekennzeichnet. Die Buchstaben helfen dir, die Wege zu finden.

1.) Starte beim Paket.
Gehe über die Leitern B, D und G. Welche Zahl ist auf dem Dach? 8

2.) Starte beim Ball.
Gehe über die Leitern G, B, C, H und K. Welche Zahl ist auf dem Dach? 9

3.) Starte bei der Schatztruhe.
Gehe in Richtung Ball. Bleibe nach der vierten Leiter stehen. Über welche Leitern bist du gegangen? P E T S

Über welche Zahlen bist du gekommen? Startzahl 8 7 5 2 1 Zielzahl

4.) Welche Zahl kommt auf den Dächern am meisten vor?

Es ist die 5. Sie kommt 7 -mal vor.

5.) Die 3 und die 8 kommen gleich oft vor. Wie oft? 6 -mal.

6.) Der Hund möchte zur 10. Hilf ihm, den Weg zu finden. Über welche Leitern kommst du?

B A Y Z H M B P T V X

In der Schule

1.) Wie viele Kinder sind da?		6.) Wie viele Namen stehen an der Tafel?	
2.) Wie viele Bilder sortiert das Mädchen am Boden?		7.) Wie viele Pflanzen gibt es im Zimmer?	
3.) Wie viele Hefte liegen auf den Tischen?		8.) Wie viel Schubladen hat der Schrank unter dem Fenster?	
4.) Wie viele Äpfel siehst du im Korb neben der Tür?		9.) Wie viele Tische zählst du?	
5.) Wie viele Pinsel liegen oder stehen in Bechern auf den Tischen?		10.) Wie viele Schultaschen siehst du?	

Von welchen Dingen gibt es mehr, von welchen weniger? Trage die Zahlen für die Mengen ein. Setze das passende Zeichen ein (<, > oder =).

		< > =	
11.) Gibt es auf dem Bild mehr Stifte oder mehr Pinsel?	Stifte		Pinsel
12.) Gibt es mehr Bilder an der Wand oder auf dem Boden?	Pinnwand		Boden
13.) Gibt es in der Klasse mehr Stühle oder mehr Tische?	Stühle		Tische
14.) Siehst auf dem Bild mehr Schachteln oder mehr Lineale?	Schachteln		Lineale

In der Schule

Lösung

1.) Wie viele Kinder sind da?	9
2.) Wie viele Bilder sortiert das Mädchen am Boden?	12
3.) Wie viele Hefte liegen auf den Tischen?	14
4.) Wie viele Äpfel siehst du im Korb neben der Tür?	12
5.) Wie viele Pinsel liegen oder stehen in Bechern auf den Tischen?	17

6.) Wie viele Namen stehen an der Tafel?	7
7.) Wie viele Pflanzen gibt es im Zimmer?	10
8.) Wie viel Schubladen hat der Schrank unter dem Fenster?	16
9.) Wie viele Tische zählst du?	8
10.) Wie viele Schultaschen siehst du?	7

Von welchen Dingen gibt es mehr, von welchen weniger? Trage die Zahlen für die Mengen ein. Setze das passende Zeichen ein (<, > oder =).

		<>=	
11.) Gibt es auf dem Bild mehr Stifte oder mehr Pinsel?	Stifte 16	<	Pinsel 17
12.) Gibt es mehr Bilder an der Wand oder auf dem Boden?	Pinnwand 18	>	Boden 12
13.) Gibt es in der Klasse mehr Stühle oder mehr Tische?	Stühle 11	>	Tische 8
14.) Siehst auf dem Bild mehr Schachteln oder mehr Lineale?	Schachteln 10	=	Lineale 10

In der Schule

In dieser Klasse gibt es viel zu entdecken. Beantworte die Fragen.	Ergebnisse
1.) Eigentlich sind 20 Kinder in der zweiten Klasse. Aber heute sind zwei Kinder krank. Einige Kinder sind gerade mit ihrer Lehrerin im Schulgarten. Wie viele Kinder sind im Schulgarten?	
2.) Gerade hat der Hausmeister den Korb mit den Äpfeln für die Pause in die Klasse gestellt. Wie viele Äpfel fehlen noch, wenn alle Kinder einen Apfel bekommen sollen? (Denke an die fehlenden Kinder!)	
3.) An der Tafel stehen einige Kindernamen. Wie viele Namen müssen noch aufgeschrieben werden, damit die Namen von allen Kindern der Klasse an der Tafel stehen?	
4.) Im Aquarium der Nachbarklasse sind doppelt so viele Fische. Wie viele Fische gibt es in beiden Klassen zusammen?	

In der Klasse gibt es viele Dinge, die die Kinder zum Arbeiten brauchen. Aber nicht alle Dinge sind auf dem Bild zu sehen. Einige befinden sich in den Schubladen unter dem Fenster. Trage die fehlenden Zahlen in die Tabelle ein.

	insgesamt	zu sehen	Schubladen
Malkästen			8
Scheren	20		
Autos	14		
Lineale			9

	insgesamt	zu sehen	Schubladen
Pinsel			3
Hefte	18		
Handtücher			9
Bücher			5

In der Schule

Lösung

In dieser Klasse gibt es viel zu entdecken. Beantworte die Fragen.	Ergebnisse
1.) Eigentlich sind 20 Kinder in der zweiten Klasse. Aber heute sind zwei Kinder krank. Einige Kinder sind gerade mit ihrer Lehrerin im Schulgarten. Wie viele Kinder sind im Schulgarten?	9
2.) Gerade hat der Hausmeister den Korb mit den Äpfeln für die Pause in die Klasse gestellt. Wie viele Äpfel fehlen noch, wenn alle Kinder einen Apfel bekommen sollen? (Denke an die fehlenden Kinder!)	6
3.) An der Tafel stehen einige Kindernamen. Wie viele Namen müssen noch aufgeschrieben werden, damit die Namen von allen Kindern der Klasse an der Tafel stehen?	13
4.) Im Aquarium der Nachbarklasse sind doppelt so viele Fische. Wie viele Fische gibt es in beiden Klassen zusammen?	15

In der Klasse gibt es viele Dinge, die die Kinder zum Arbeiten brauchen. Aber nicht alle Dinge sind auf dem Bild zu sehen. Einige befinden sich in den Schubladen unter dem Fenster. Trage die fehlenden Zahlen in die Tabelle ein.

	insgesamt	zu sehen	Schubladen
Malkästen	15	7	8
Scheren	20	8	12
Autos	14	12	2
Lineale	19	10	9

	insgesamt	zu sehen	Schubladen
Pinsel	20	17	3
Hefte	18	14	4
Handtücher	15	6	9
Bücher	18	13	5

Von Insel zu Insel

1.) Wie viele Inseln sind auf dem Bild?

2.) Wie viele Brücken gibt es?

3.) Auf wie vielen Inseln gibt es keine Palmen?

4.) Auf wie vielen Inseln sind Palmen?

5.) Suche den kürzesten Weg, der alle Inseln ohne Palmen miteinander verbindet. Zeichne ihn ein.

6.) Über wie viele Brücken musst du dabei gehen?

7.) Wie viele Inseln hast du dabei betreten?

8.) Wie vielen Pinguinen bist du auf dem Weg begegnet?

9.) An wie vielen Palmen bist du auf diesem Weg vorbeigekommen?

10.) Wie vielen Hasen bist du begegnet?

11.) Wenn du den gleichen Weg wieder zurückgehst, über wie viele Brücken bist du dann insgesamt gekommen?

Von Insel zu Insel

Lösung

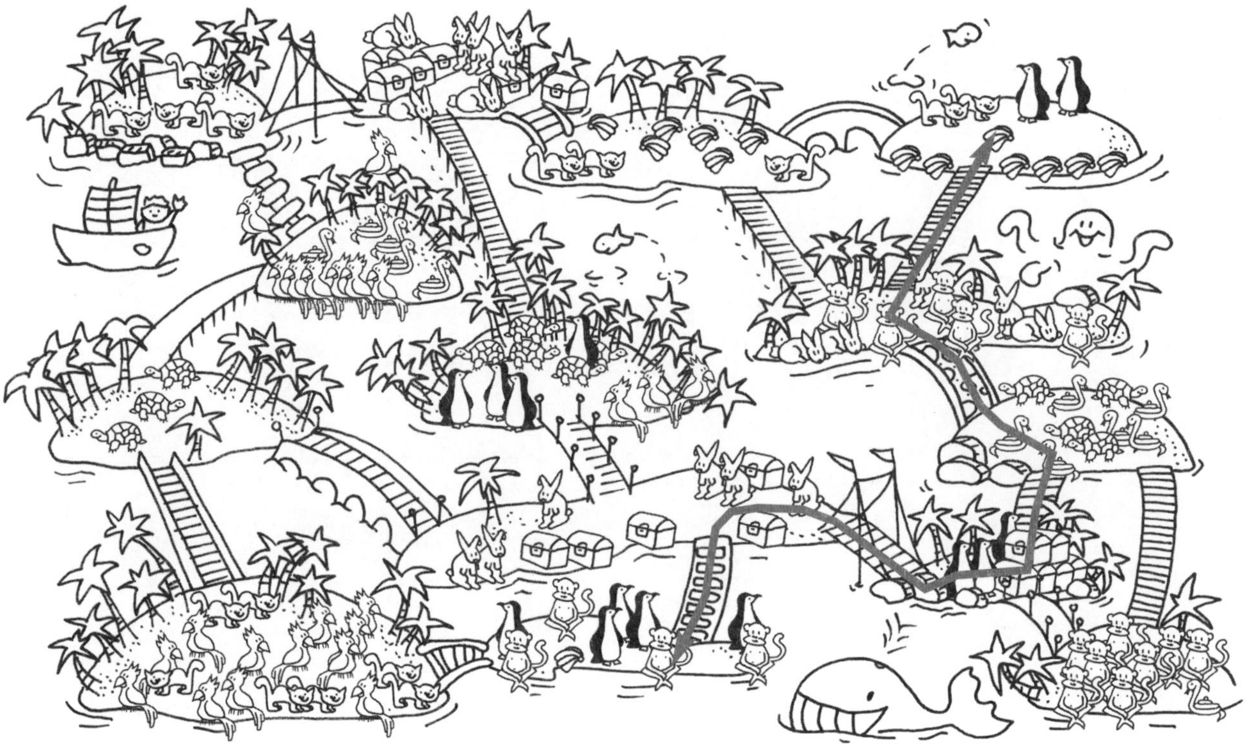

1.)	Wie viele Inseln sind auf dem Bild?	14
2.)	Wie viele Brücken gibt es?	18
3.)	Auf wie vielen Inseln gibt es keine Palmen?	3
4.)	Auf wie vielen Inseln sind Palmen?	11
5.)	Suche den kürzesten Weg, der alle Inseln ohne Palmen miteinander verbindet. Zeichne ihn ein.	
6.)	Über wie viele Brücken musst du dabei gehen?	5
7.)	Wie viele Inseln hast du dabei betreten?	6
8.)	Wie vielen Pinguinen bist du auf dem Weg begegnet?	10
9.)	An wie vielen Palmen bist du auf diesem Weg vorbeigekommen?	12
10.)	Wie vielen Hasen bist du begegnet?	11
11.)	Wenn du den gleichen Weg wieder zurückgehst, über wie viele Brücken bist du dann insgesamt gekommen?	10

Von Insel zu Insel

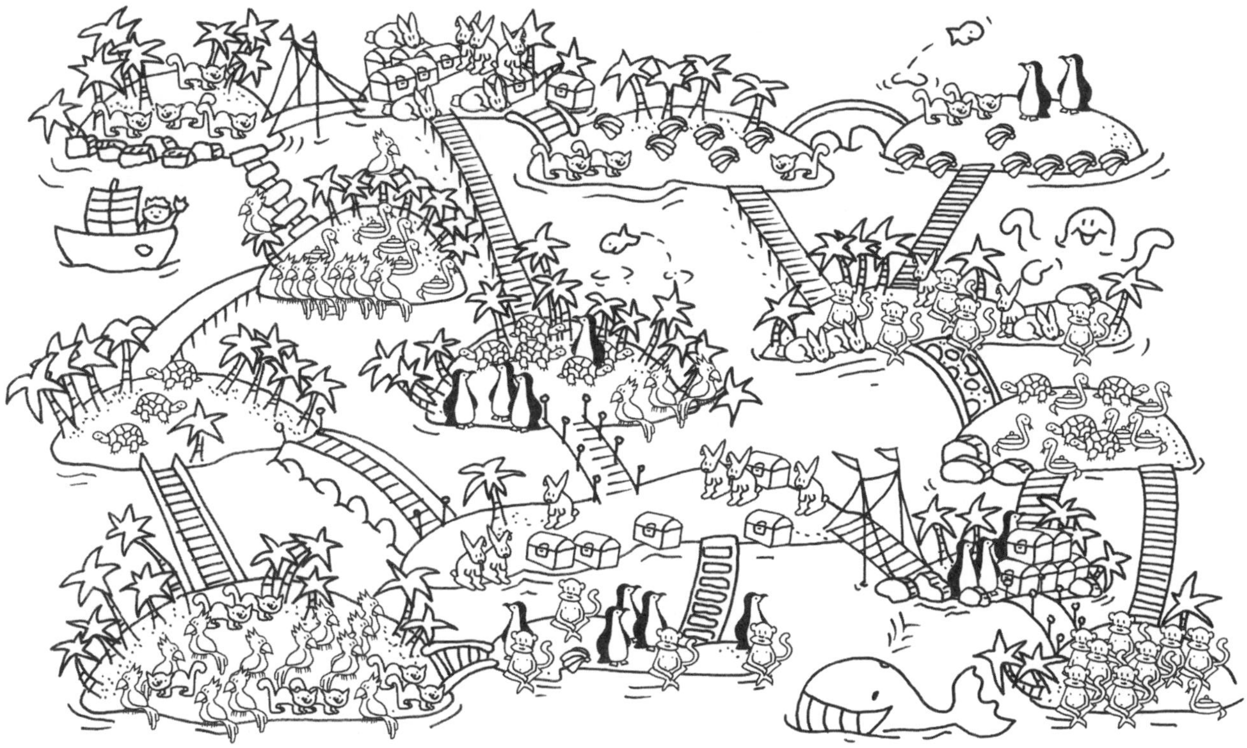

Auf diesen Inseln gibt es viele Dinge zu entdecken.

1.) Suche die Insel mit 3 Palmen. Gehe von hier aus über die Insel mit 2 Katzen zu der Insel mit 4 Palmen. Wie viele Affen siehst du unterwegs? ☐

2.) Gehe jetzt weiter zu der Insel mit 4 Katzen. Wie viele Palmen siehst du auf diesem Weg? Zähle die erste und die letzte Insel jeweils mit. ☐

3.) Dein nächstes Ziel ist die Insel mit 10 Palmen. Wie vielen Papageien begegnest du auf deinem Weg? ☐

4.) Von hier aus gehst du über die Insel mit einer Muschel zurück zum Start deines Rundweges. Unterwegs begegnest du Pinguinen. Wie viele sind es? ☐

5.) Zeichne den gesamten Weg, den du bisher gegangen bist, farbig in das Bild ein. Über wie viele Brücken bist du gekommen? ☐

6.) Auf deinem Weg bist du an vielen Dingen und Tieren vorbei gekommen. Wie viele waren es?

Schlangen		Muscheln		Schatztruhen	
Schildkröten		Papageien		Katzen	
Hasen		Steine		Pinguine	

7.) Auf deinem Weg hast du nur eine Insel nicht betreten. Male sie grün an. Wie viele Tiere befinden sich auf dieser Insel? ☐

Von Insel zu Insel

Lösung

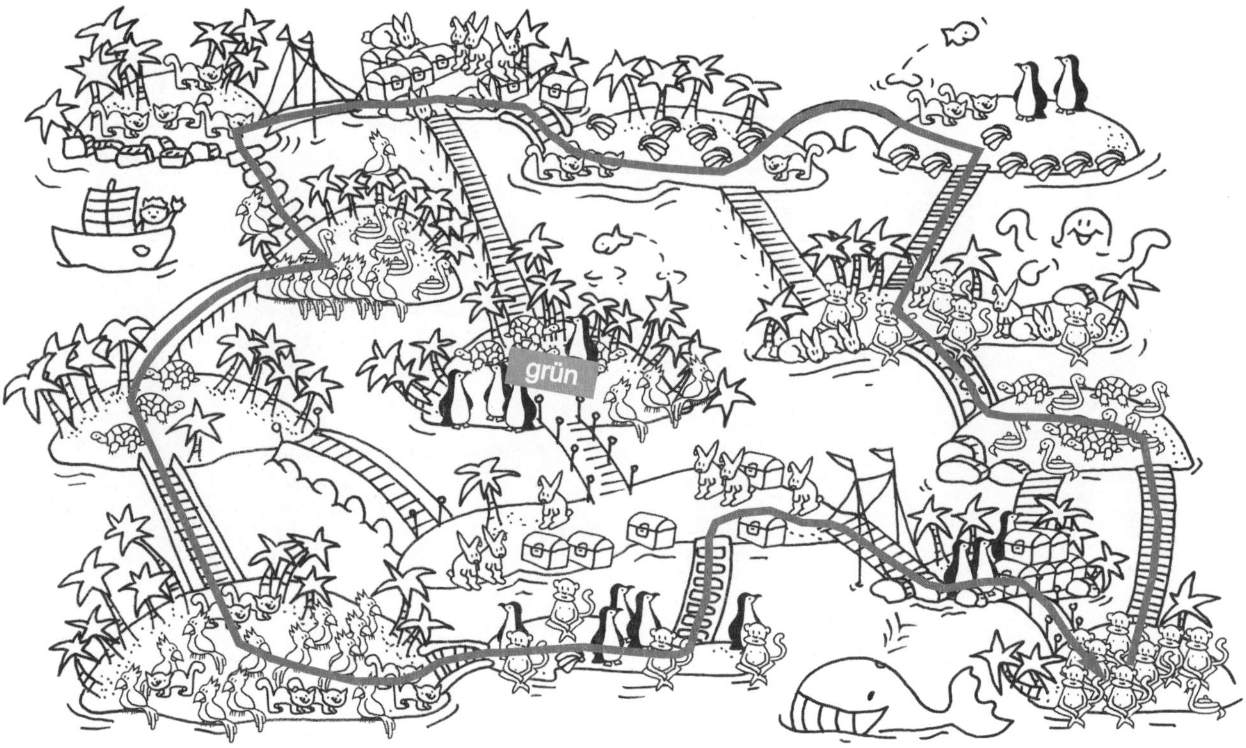

Auf diesen Inseln gibt es viele Dinge zu entdecken.

1.) Suche die Insel mit 3 Palmen. Gehe von hier aus über die Insel mit 2 Katzen zu der Insel mit 4 Palmen. Wie viele Affen siehst du unterwegs? **13**

2.) Gehe jetzt weiter zu der Insel mit 4 Katzen. Wie viele Palmen siehst du auf diesem Weg? Zähle die erste und die letzte Insel jeweils mit. **13**

3.) Dein nächstes Ziel ist die Insel mit 10 Palmen. Wie vielen Papageien begegnest du auf deinem Weg? **20**

4.) Von hier aus gehst du über die Insel mit einer Muschel zurück zum Start deines Rundweges. Unterwegs begegnest du Pinguinen. Wie viele sind es? **8**

5.) Zeichne den gesamten Weg, den du bisher gegangen bist, farbig in das Bild ein. Über wie viele Brücken bist du gekommen? **13**

6.) Auf deinem Weg bist du an vielen Dingen und Tieren vorbei gekommen. Wie viele waren es?

Schlangen	12
Schildkröten	7
Hasen	17

Muscheln	14
Papageien	20
Steine	14

Schatztruhen	18
Katzen	16
Pinguine	10

7.) Auf deinem Weg hast du nur eine Insel nicht betreten. Male sie grün an. Wie viele Tiere befinden sich auf dieser Insel? **12**

Drei Clowns

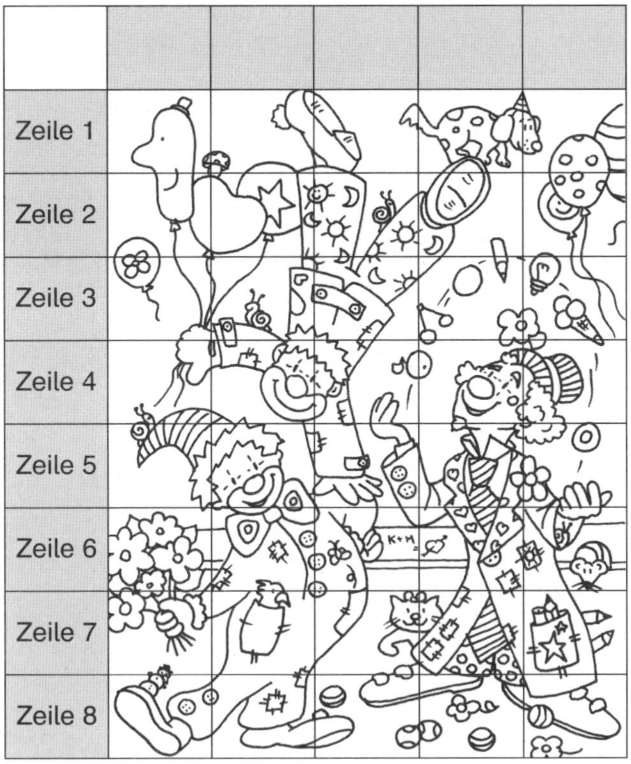

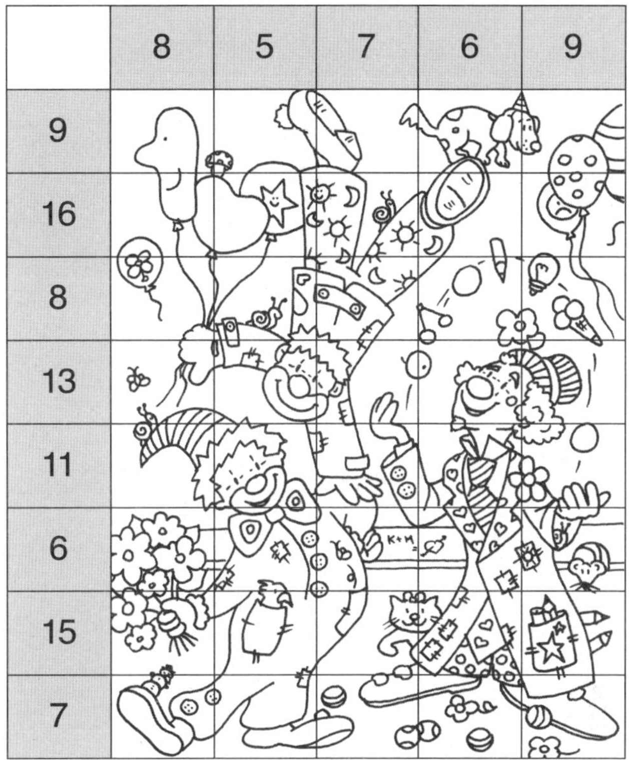

Suche die Unterschiede im rechten Bild. Kreise sie ein.
In jeder Zeile gibt es zwei Unterschiede.

Die Felder mit den Unterschieden brauchst du zum Rechnen. Wenn du in einem Feld einen Fehler gefunden hast, nimmst du die Zahl ganz links in dieser Zeile und die Zahl ganz oben und bildest daraus eine Rechenaufgabe.

Zeile 1

9	+		=		

	+		=		

Zeile 2

		–		=		

		–		=	

Zeile 3

	+		=		

	+		=		

Zeile 4

		–		=	

		–		=	

Zeile 5

		–		=	

		–		=	

Zeile 6

	+		=		

	+		=		

Zeile 7

		–		=	

		–		=	

Zeile 8

	+		=		

	+		=		

Drei Clowns

Lösung

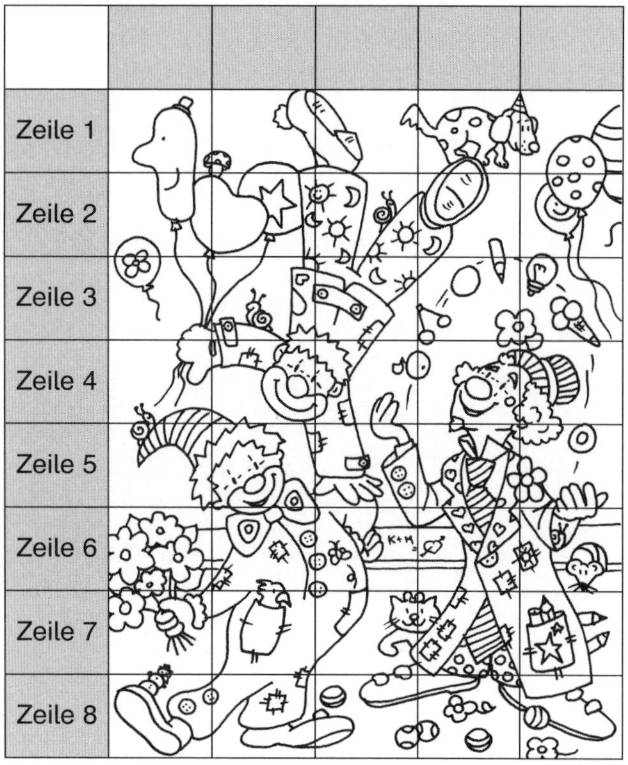

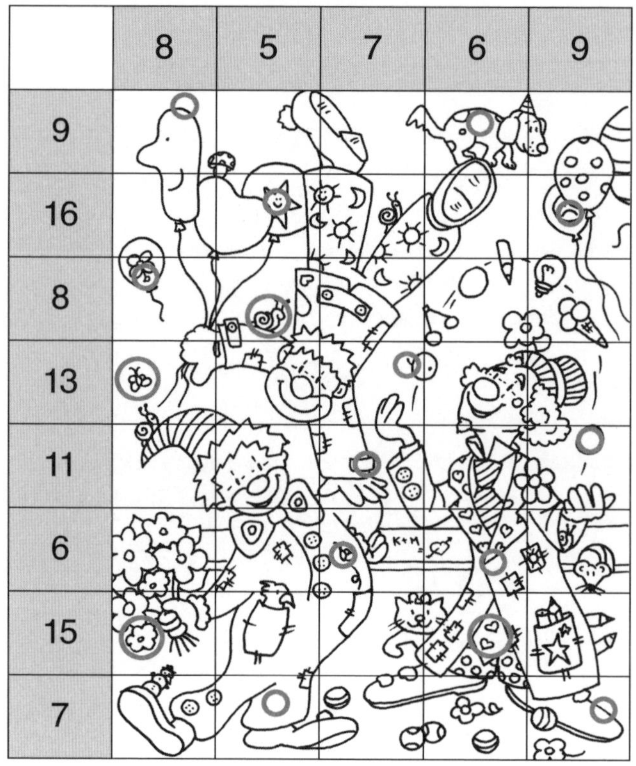

Suche die Unterschiede im rechten Bild. Kreise sie ein.
In jeder Zeile gibt es zwei Unterschiede.

Die Felder mit den Unterschieden brauchst du zum Rechnen. Wenn du in einem Feld einen Fehler gefunden hast, nimmst du die Zahl ganz links in dieser Zeile und die Zahl ganz oben und bildest daraus eine Rechenaufgabe.

Zeile 1

9 + 8 = 17   9 + 6 = 15

Zeile 2

16 − 5 = 11   16 − 9 = 7

Zeile 3

8 + 8 = 16   8 + 5 = 13

Zeile 4

13 − 8 = 5   13 − 7 = 6

Zeile 5

11 − 7 = 4   11 − 9 = 2

Zeile 6

6 + 7 = 13   6 + 6 = 12

Zeile 7

15 − 8 = 7   15 − 6 = 9

Zeile 8

7 + 5 = 12   7 + 9 = 16

Drei Clowns

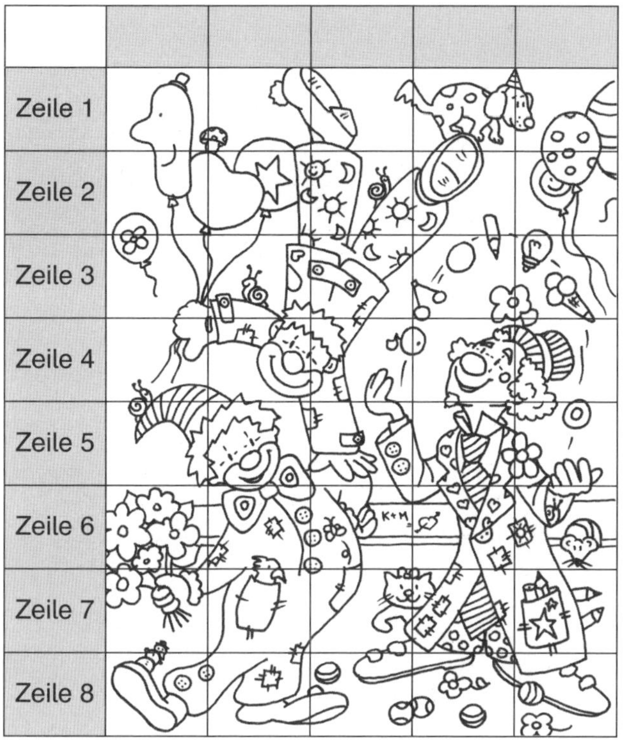

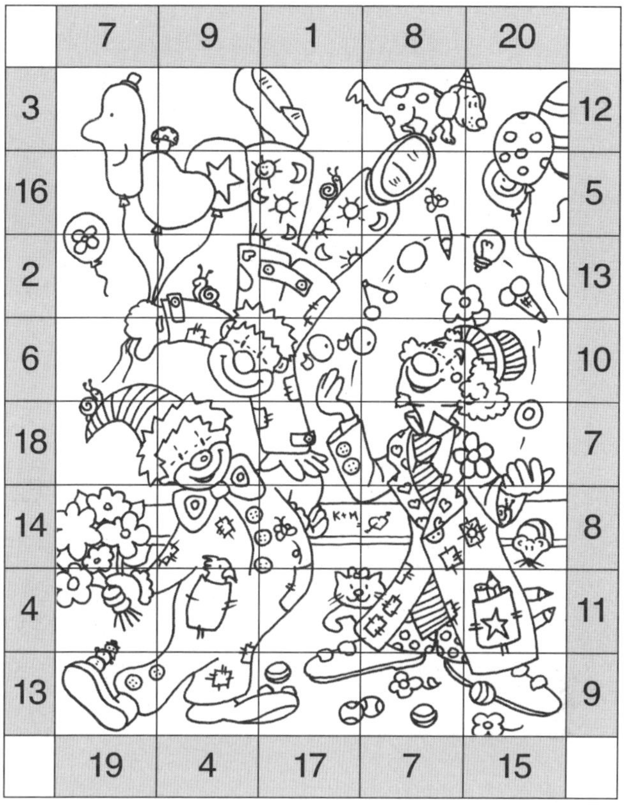

Die beiden Bilder sind sehr ähnlich, aber nicht gleich. In jeder Zeile gibt es genau einen Unterschied. Suche ihn und kreise ihn auf dem rechten Bild ein.

Die Felder mit den Unterschieden brauchst du zum Rechnen. Wenn du in einem Feld einen Unterschied gefunden hast, bildest du mit der Zahl ganz links und ganz rechts in dieser Zeile sowie mit der Zahl ganz oben und ganz unten eine Rechenaufgabe. Das Ergebnis soll immer 20 sein.

Welche Rechenzeichen du benutzen darfst, steht bei jeder Aufgabe.

Zeile 1 + + –

								=	2	0

Zeile 2 + + –

								=	2	0

Zeile 3 + – –

									=	2	0

Zeile 4 + – –

								=	2	0

Zeile 5 + + –

								=	2	0

Zeile 6 + + –

								=	2	0

Zeile 7 + + –

									=	2	0

Zeile 8 + – –

								=	2	0

Drei Clowns

Lösung

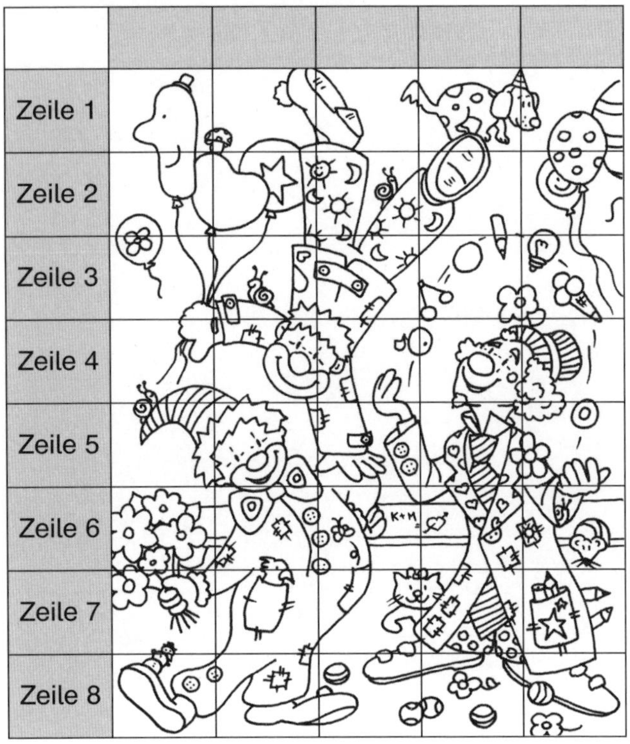

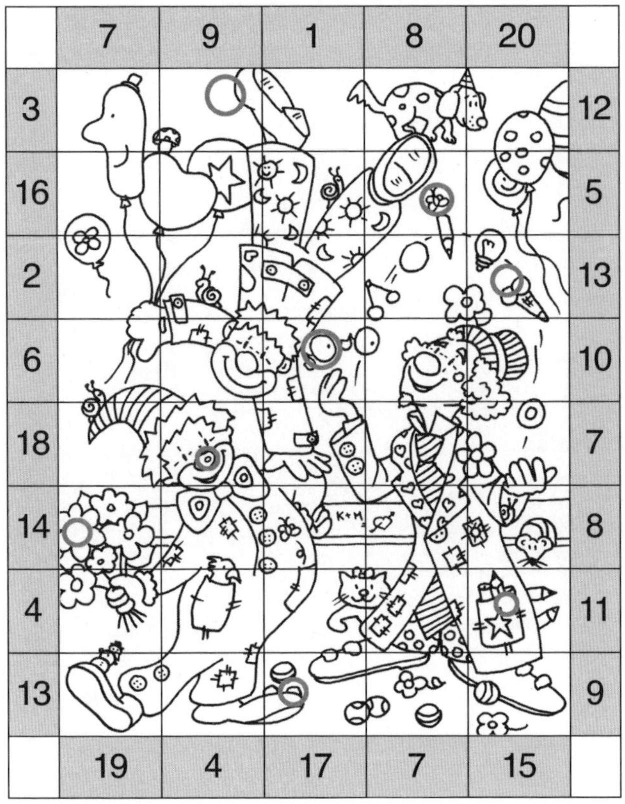

Die beiden Bilder sind sehr ähnlich, aber nicht gleich. In jeder Zeile gibt es genau einen Unterschied. Suche ihn und kreise ihn auf dem rechten Bild ein.

Die Felder mit den Unterschieden brauchst du zum Rechnen. Wenn du in einem Feld einen Unterschied gefunden hast, bildest du mit der Zahl ganz links und ganz rechts in dieser Zeile sowie mit der Zahl ganz oben und ganz unten eine Rechenaufgabe. Das Ergebnis soll immer 20 sein.

Welche Rechenzeichen du benutzen darfst, steht bei jeder Aufgabe.

Zeile 1 + + –

12 + 3 – 4 + 9 = 20

Zeile 2 + + –

16 + 7 – 8 + 5 = 20

Zeile 3 + – –

20 – 13 – 2 + 15 = 20

Zeile 4 + – –

17 – 6 – 1 + 10 = 20

Zeile 5 + + –

18 – 9 + 4 + 7 = 20

Zeile 6 + + –

19 – 14 + 7 + 8 = 20

Zeile 7 + + –

20 – 15 + 11 + 4 = 20

Zeile 8 + – –

17 – 1 – 9 + 13 = 20

Hausnummern

Die Häuser sind fast gleich. Bei einem Haus fehlt nichts, bei allen anderen schon. Lies die Aufgaben. Suche das passende Haus. Setze die Hausnummern in die Rechnungen ein.

1.) Suche das Haus ohne Regenrinne und das Haus ohne Schornstein.

1	2	+		=		

2.) Bei einem Haus fehlt das rechte Fenster im ersten Stock, beim anderen die Sonne.

		+		=		

3.) Suche das Haus ohne Eingangstür und das Haus ohne Schornstein.

		+		=		

4.) Beim ersten Haus fehlt der rechte Blumenkasten, beim zweiten die Sonne.

		+		=		

5.) Bei einem Haus fehlt der linke Blumenkasten, beim anderen fehlen die Treppenstufen.

		+		=		

6.) Beim ersten Haus fehlt das Dachfenster, beim zweiten fehlen beide Treppengeländer.

		+		=		

7.) Suche das Haus ohne Regenrinne und das Haus ohne Regentonne.

		+		=		

8.) Dieses Haus hat rechts kein Fenster im ersten Stock. Beim zweiten Haus fehlt der Schornstein.

		+		=		

9.) Bei diesem Haus fehlt das rechte Fenster im Erdgeschoss. Beim zweiten Haus fehlt die Regentonne.

		+		=		

10.) Beim ersten Haus fehlt das linke Fenster im ersten Stock, beim zweiten die Türklinke.

		+		=		

11.) Bei einem Haus fehlt das Dachfenster, beim anderen die Türklinke.

		+		=		

12.) Bei einem Haus fehlen die Strahlen um die Sonne, beim anderen fehlt nichts.

		+		=		

Hausnummern

Lösung

Die Häuser sind fast gleich. Bei einem Haus fehlt nichts, bei allen anderen schon. Lies die Aufgaben. Suche das passende Haus. Setze die Hausnummern in die Rechnungen ein.

1.)

Suche das Haus ohne Regenrinne und das Haus ohne Schornstein.

12 + 3 = 15

2.)

Bei einem Haus fehlt das rechte Fenster im ersten Stock, beim anderen die Sonne.

14 + 4 = 18

3.)

Suche das Haus ohne Eingangstür und das Haus ohne Schornstein.

17 + 3 = 20

4.)

Beim ersten Haus fehlt der rechte Blumenkasten, beim zweiten die Sonne.

15 + 4 = 19

5.)

Bei einem Haus fehlt der linke Blumenkasten, beim anderen fehlen die Treppenstufen.

10 + 9 = 19

6.)

Beim ersten Haus fehlt das Dachfenster, beim zweiten fehlen beide Treppengeländer.

11 + 6 = 17

7.)

Suche das Haus ohne Regenrinne und das Haus ohne Regentonne.

12 + 2 = 14

8.)

Dieses Haus hat rechts kein Fenster im ersten Stock. Beim zweiten Haus fehlt der Schorn-stein.

14 + 3 = 17

9.)

Bei diesem Haus fehlt das rechte Fenster im Erdgeschoss. Beim zweiten Haus fehlt die Regentonne.

16 + 2 = 18

10.)

Beim ersten Haus fehlt das linke Fenster im ersten Stock, beim zweiten die Türklinke.

13 + 5 = 18

11.)

Bei einem Haus fehlt das Dachfenster, beim anderen die Türklinke.

11 + 5 = 16

12.)

Bei einem Haus fehlen die Strahlen um die Sonne, beim anderen fehlt nichts.

19 + 1 = 20

Hausnummern

Hier sollst du mit Hausnummern rechnen. Wie das geht?
Die Häuser sehen fast gleich aus. Bei einem Haus fehlt nichts, bei allen anderen schon. Suche mit Hilfe der Beschreibungen die passenden Häuser und setze die Hausnummern als Rechenzahlen oder Ergebniszahlen ein.

1.)

Beim ersten gesuchten Haus fehlt die Türklinke, beim anderen die rechte Wolke.

5	+		=		

2.)

Bei einem Haus fehlen die Treppenstufen, beim anderen fehlt die Regentonne.

	+		=		

3.)

Bei einem Haus fehlt der Erker oben auf dem Dach, beim anderen fehlen die Treppenstufen.

	+		=		

4.)

Beim ersten Haus fehlt die rechte Wolke, beim zweiten die Sonne.

	+		=		

5.)

Erstes Haus: Die beiden Treppengeländer fehlen. Zweites Haus: Die Türklinke fehlt.

	+		=		

6.)

Bei einem Haus fehlt der Erker oben auf dem Dach, beim zweiten fehlen beide Treppengeländer.

	+		=		

7.) Hier fehlt immer eine Rechenzahl.

Beim Haus für die Ergebniszahl fehlt die Tür. Beim Haus für eine der Rechenzahlen fehlen die Treppenstufen.

	+		=	1	7

8.) Hier fehlt immer eine Rechenzahl.

Rechenzahl: Es fehlt die rechte Wolke. Ergebniszahl: Hier fehlt das rechte Fenster im ersten Stock.

	+		=		

9.) Hier fehlt immer eine Rechenzahl.

Beim Haus für die Ergebniszahl fehlt die Regenrinne, beim Haus für eine Rechenzahl der Schornstein.

	+		=		

10.) Hier fehlt immer eine Rechenzahl.

Rechenzahl: Die Treppenstufen fehlen. Beim Haus für die Ergebniszahl fehlt das linke untere Fenster.

	+		=		

11.) Hier fehlt immer eine Rechenzahl.

Rechenzahl: Es fehlt der Erker auf dem Dach. Ergebniszahl: Es fehlt das Dachfenster.

	+		=		

12.) Hier fehlt immer eine Rechenzahl.

Beim Haus für die Ergebniszahl fehlt der rechte Blumenkasten. Für die Rechenzahl suchst du das Haus ohne Erker.

	+		=		

Hausnummern

Lösung

Hier sollst du mit Hausnummern rechnen. Wie das geht?
Die Häuser sehen fast gleich aus. Bei einem Haus fehlt nichts, bei allen anderen schon. Suche mit Hilfe der Beschreibungen die passenden Häuser und setze die Hausnummern als Rechenzahlen oder Ergebniszahlen ein.

1.)

Beim ersten gesuchten Haus fehlt die Türklinke, beim anderen die rechte Wolke.

5 + 8 = 13

2.)

Bei einem Haus fehlen die Treppenstufen, beim anderen fehlt die Regentonne.

9 + 2 = 11

7.) Hier fehlt immer eine Rechenzahl.

Beim Haus für die Ergebniszahl fehlt die Tür. Beim Haus für eine der Rechenzahlen fehlen die Treppenstufen.

9 + 8 = 17

8.) Hier fehlt immer eine Rechenzahl.

Rechenzahl: Es fehlt die rechte Wolke. Ergebniszahl: Hier fehlt das rechte Fenster im ersten Stock.

8 + 6 = 14

3.)

Bei einem Haus fehlt der Erker oben auf dem Dach, beim anderen fehlen die Treppenstufen.

7 + 9 = 16

4.)

Beim ersten Haus fehlt die rechte Wolke, beim zweiten die Sonne.

8 + 4 = 12

9.) Hier fehlt immer eine Rechenzahl.

Beim Haus für die Ergebniszahl fehlt die Regenrinne, beim Haus für eine Rechenzahl der Schornstein.

3 + 9 = 12

10.) Hier fehlt immer eine Rechenzahl.

Rechenzahl: Die Treppenstufen fehlen. Beim Haus für die Ergebniszahl fehlt das linke untere Fenster.

9 + 9 = 18

5.)

Erstes Haus: Die beiden Treppengeländer fehlen. Zweites Haus: Die Türklinke fehlt.

6 + 5 = 11

6.)

Bei einem Haus fehlt der Erker oben auf dem Dach, beim zweiten fehlen beide Treppengeländer.

7 + 6 = 13

11.) Hier fehlt immer eine Rechenzahl.

Rechenzahl: Es fehlt der Erker auf dem Dach. Ergebniszahl: Es fehlt das Dachfenster.

7 + 4 = 11

12.) Hier fehlt immer eine Rechenzahl.

Beim Haus für die Ergebniszahl fehlt der rechte Blumenkasten. Für die Rechenzahl suchst du das Haus ohne Erker.

7 + 8 = 15

Im Park

Auf dem Bild sollst du einige Dinge finden. Diese befinden sich in bestimmten Feldern. Zu jedem Feld gehören zwei Zahlen, eine ganz links und eine ganz oben. Mit diesen Zahlen bildest du eine Plusaufgabe oder eine Minusaufgabe. Beispiel: Das Segelboot ist im Feld 5 (links)/12 (oben). Die dazugehörige Plusaufgabe lautet also 5 + 12 und die Minusaufgabe 12 – 5.

1.) Zwei Kinder schaukeln. Zum Rechnen benötigst du das Feld, in dem du die Kinder siehst. Male die Schaukel rot an. (Minusaufgabe) 17 – ___ = ___

2.) Ein Mädchen leckt an einem Eis. Zum Rechnen brauchst du das Feld mit den Eiskugeln, male sie braun an. (Plusaufgabe)

3.) Auf einem Seerosenblatt sitzt ein Frosch. Zum Rechnen benötigst du das Feld mit dem Frosch. Male den Frosch grün an. (Plusaufgabe)

4.) Ein Mädchen übt Seilspringen. Dieses Feld brauchst du zum Rechnen. Male das Kleid des Mädchens rosa an. (Minusaufgabe)

5.) Ein Mann sitzt auf einer Bank und liest Zeitung. Das Feld mit der Zeitung ist dein Rechenfeld. Male die Bank blau an. (Minusaufgaben)

6.) Zwei Schwäne schwimmen über den See. Hinter ihnen schwimmen zwei Küken. Das Feld mit den Küken ist das Rechenfeld. Male sie gelb an. (Plusaufgabe)

7.) Ein Kind klettert die Treppe zur Rutschbahn hoch. Das Feld mit dem Kind ist dein Rechenfeld. Male die Rutsche orange an. (Minusaufgabe)

8.) Ein Kind lässt einen Drachen steigen. Zum Rechnen brauchst du das Feld mit dem Drachen. Male den Drachen rot an. (Plusaufgabe)

9.) Zwei Kinder sind in der Sandkiste. Suche das Feld mit dem Spaten, der im Sand steckt. Male den Spaten braun an. (Minusaufgabe)

10.) Ein Kind schiebt sein Einrad. Das Feld mit dem Einrad ist dein Rechenfeld. Male das Einrad grün an. (Plusaufgabe)

Im Park

Lösung

Auf dem Bild sollst du einige Dinge finden. Diese befinden sich in bestimmten Feldern. Zu jedem Feld gehören zwei Zahlen, eine ganz links und eine ganz oben. Mit diesen Zahlen bildest du eine Plusaufgabe oder eine Minusaufgabe. Beispiel: Das Segelboot ist im Feld 5 (links)/12 (oben). Die dazugehörige Plusaufgabe lautet also 5 + 12 und die Minusaufgabe 12 – 5.

1.) Zwei Kinder schaukeln. Zum Rechnen benötigst du das Feld, in dem du die Kinder siehst. Male die Schaukel rot an. (Minusaufgabe)	17 – 3 = 14
2.) Ein Mädchen leckt an einem Eis. Zum Rechnen brauchst du das Feld mit den Eiskugeln, male sie braun an. (Plusaufgabe)	5 + 15 = 20
3.) Auf einem Seerosenblatt sitzt ein Frosch. Zum Rechnen benötigst du das Feld mit dem Frosch. Male den Frosch grün an. (Plusaufgabe)	6 + 12 = 18
4.) Ein Mädchen übt Seilspringen. Dieses Feld brauchst du zum Rechnen. Male das Kleid des Mädchens rosa an. (Minusaufgabe)	14 – 3 = 11
5.) Ein Mann sitzt auf einer Bank und liest Zeitung. Das Feld mit der Zeitung ist dein Rechenfeld. Male die Bank blau an. (Minusaufgaben)	12 – 2 = 10
6.) Zwei Schwäne schwimmen über den See. Hinter ihnen schwimmen zwei Küken. Das Feld mit den Küken ist das Rechenfeld. Male sie gelb an. (Plusaufgabe)	5 + 11 = 16
7.) Ein Kind klettert die Treppe zur Rutschbahn hoch. Das Feld mit dem Kind ist dein Rechenfeld. Male die Rutsche orange an. (Minusaufgabe)	15 – 3 = 12
8.) Ein Kind lässt einen Drachen steigen. Zum Rechnen brauchst du das Feld mit dem Drachen. Male den Drachen rot an. (Plusaufgabe)	1 + 13 = 14
9.) Zwei Kinder sind in der Sandkiste. Suche das Feld mit dem Spaten, der im Sand steckt. Male den Spaten braun an. (Minusaufgabe)	15 – 4 = 11
10.) Ein Kind schiebt sein Einrad. Das Feld mit dem Einrad ist dein Rechenfeld. Male das Einrad grün an. (Plusaufgabe)	2 + 10 = 12

Im Park

	10	7	8	12	5	15	9	14
9								
15								
7								
6								
13								
8								

Mithilfe der Beschreibungen sollst du einige Dinge auf dem Bild finden. Diese befinden sich in bestimmten Feldern. Zu jedem Feld gehören zwei Zahlen, eine ganz links und eine ganz oben. Mit diesen Zahlen bildest du eine Plusaufgabe oder eine Minusaufgabe. Beispiel: Das Segelboot befindet sich im Feld 13 (links)/8 (oben). Die dazugehörige Plusaufgabe lautet also 13 + 8 und die Minusaufgabe 13 – 8.

1.) Ein Mann ist mit seinem Hund unterwegs. Zum Rechnen benötigst du das Feld mit dem Hund. Male den Hund schwarz an. (Plusaufgabe)

2.) Zwei Kinder sitzen auf einer Wippe. Gesucht ist das Feld mit der Wippe. Male die Wippe rot an. (Plusaufgabe)

3.) Ein Mann ist mit seinem Fahrrad im Park. Das Fahrrad befindet sich im Rechenfeld. Male das Fahrrad grün an. (Plusaufgabe)

4.) Eine Frau schiebt ihr Kind im Kinderwagen durch den Park. Dieses Feld brauchst du zum Rechnen. Male den Kinderwagen orange an. (Minusaufgabe)

5.) Eine Ente auf dem See versteckt sich hinter einem Busch. Das Feld mit der Ente ist dein Rechenfeld. Male die Ente gelb an. (Plusaufgabe)

6.) Vier Kinder spielen mit einem Ball. Sie werfen sich den Ball zu. Das Feld mit dem Ball ist das Rechenfeld. Male den Ball rot an. (Minusaufgabe)

7.) Zwei Erwachsene machen ein Picknick. Sie haben eine Decke ausgebreitet. Das Feld mit der Decke ist das Rechenfeld. Male die Decke lila an. (Minusaufgabe)

8.) Ein Junge will Fische aus dem See mit einem Netz fangen. Zum Rechnen brauchst du das Feld mit dem Netz. Male das Netz grau an. (Minusaufgabe)

9.) Ein Kind hat seinen Drachen dabei. Ein Hund zieht an der Schnur. Zum Rechnen brauchst du das Feld mit dem Hund. Male den Drachen blau an. (Minusaufgabe)

10.) Eine Ente hat den Kopf unter Wasser. Das Feld mit der Ente ist dein Rechenfeld. Male die Ente braun an. (Minusaufgabe)

Im Park

Lösung

Mithilfe der Beschreibungen sollst du einige Dinge auf dem Bild finden. Diese befinden sich in bestimmten Feldern. Zu jedem Feld gehören zwei Zahlen, eine ganz links und eine ganz oben. Mit diesen Zahlen bildest du eine Plusaufgabe oder eine Minusaufgabe. Beispiel: Das Segelboot befindet sich im Feld 13 (links)/8 (oben). Die dazugehörige Plusaufgabe lautet also 13 + 8 und die Minusaufgabe 13 – 8.

1.) Ein Mann ist mit seinem Hund unterwegs. Zum Rechnen benötigst du das Feld mit dem Hund. Male den Hund schwarz an. (Plusaufgabe)	6 + 7 = 13
2.) Zwei Kinder sitzen auf einer Wippe. Gesucht ist das Feld mit der Wippe. Male die Wippe rot an. (Plusaufgabe)	7 + 9 = 16
3.) Ein Mann ist mit seinem Fahrrad im Park. Das Fahrrad befindet sich im Rechenfeld. Male das Fahrrad grün an. (Plusaufgabe)	9 + 5 = 14
4.) Eine Frau schiebt ihr Kind im Kinderwagen durch den Park. Dieses Feld brauchst du zum Rechnen. Male den Kinderwagen orange an. (Minusaufgabe)	15 – 12 = 3
5.) Eine Ente auf dem See versteckt sich hinter einem Busch. Das Feld mit der Ente ist dein Rechenfeld. Male die Ente gelb an. (Plusaufgabe)	8 + 5 = 13
6.) Vier Kinder spielen mit einem Ball. Sie werfen sich den Ball zu. Das Feld mit dem Ball ist das Rechenfeld. Male den Ball rot an. (Minusaufgabe)	12 – 7 = 5
7.) Zwei Erwachsene machen ein Picknick. Sie haben eine Decke ausgebreitet. Das Feld mit der Decke ist das Rechenfeld. Male die Decke lila an. (Minusaufgabe)	15 – 9 = 6
8.) Ein Junge will Fische aus dem See mit einem Netz fangen. Zum Rechnen brauchst du das Feld mit dem Netz. Male das Netz grau an. (Minusaufgabe)	13 – 5 = 8
9.) Ein Kind hat seinen Drachen dabei. Ein Hund zieht an der Schnur. Zum Rechnen brauchst du das Feld mit dem Hund. Male den Drachen blau an. (Minusaufgabe)	14 – 8 = 6
10.) Eine Ente hat den Kopf unter Wasser. Das Feld mit der Ente ist dein Rechenfeld. Male die Ente braun an. (Minusaufgabe)	13 – 8 = 5

Platzwechsel

Auf dem rechten Bild sind einige Dinge vertauscht. Über die vertauschten Dinge erhältst du deine Rechenaufgaben. Start ist beim Fenster.

Suche das Fenster auf dem linken Bild. Suche die gleiche Stelle auf dem rechten Bild. Hier befindet sich etwas anderes: ein Schwein. Male es aus.

Das Schwein liefert dir die erste Rechenaufgabe. Ganz links in der Reihe steht eine Zahl, schreibe sie auf. Subtrahiere davon die Zahl ganz oben in der Spalte.

Weiter gehts: Suche nun das Schwein im linken Bild. Welche Abbildung ist im rechten Bild an dieser Stelle? Dieses Feld bringt dir die nächste Rechenaufgabe. So geht es immer weiter, bis du wieder zum Fenster kommst.

1.) 1 8 – 2 =

2.)

3.)

4.)

5.)

6.)

7.)

8.)

9.)

10.)

11.)

12.)

13.)

14.)

15.)

16.)

Platzwechsel

Lösung

Auf dem rechten Bild sind einige Dinge vertauscht. Über die vertauschten Dinge erhältst du deine Rechenaufgaben. Start ist beim Fenster .

Suche das Fenster auf dem linken Bild. Suche die gleiche Stelle auf dem rechten Bild. Hier befindet sich etwas anderes: ein Schwein . Male es aus.

Das Schwein liefert dir die erste Rechenaufgabe. Ganz links in der Reihe steht eine Zahl, schreibe sie auf. Subtrahiere davon die Zahl ganz oben in der Spalte.

Weiter gehts: Suche nun das Schwein im linken Bild. Welche Abbildung ist im rechten Bild an dieser Stelle? Dieses Feld bringt dir die nächste Rechenaufgabe. So geht es immer weiter, bis du wieder zum Fenster kommst.

1.) $18 - 2 = 16$

2.) $17 - 6 = 11$

3.) $19 - 1 = 18$

4.) $16 - 5 = 11$

5.) $18 - 6 = 12$

6.) $14 - 2 = 12$

7.) $19 - 6 = 13$

8.) $17 - 1 = 16$

9.) $13 - 3 = 10$

10.) $15 - 5 = 10$

11.) $18 - 3 = 15$

12.) $19 - 3 = 16$

13.) $14 - 1 = 13$

14.) $16 - 4 = 12$

15.) $19 - 2 = 17$

16.) $15 - 4 = 11$

Platzwechsel

Die beiden Bilder sind fast gleich. Allerdings haben auf dem rechten Bild einige Dinge ihren Platz gegenüber dem Original vertauscht. Über diese vertauschten Dinge erhältst du die Rechenaufgaben. Wie das geht? Start ist beim Hut.

Suche den Hut auf dem linken Bild. Jetzt suchst du die gleiche Stelle auf dem rechten Bild. Hier befindet sich eine andere Abbildung, nämlich eine Bluse. Male sie aus. Die Bluse liefert dir die erste Rechenaufgabe. Ganz links in der Reihe steht eine Zahl, schreibe sie auf. Subtrahiere davon die Zahl ganz oben in der Spalte.

Weiter gehts: Suche nun die Bluse im linken Bild. Welche Abbildung befindet sich im rechten Bild an dieser Stelle? So erhältst du die nächste Rechnung. So geht es immer weiter, bis du wieder zum Hut kommst.

1.)	2.)	3.)	4.)
1 5 – 7 =			

5.)	6.)	7.)	8.)

9.)	10.)	11.)	12.)

13.)	14.)	15.)	16.)

Platzwechsel

Lösung

Die beiden Bilder sind fast gleich. Allerdings haben auf dem rechten Bild einige Dinge ihren Platz gegenüber dem Original vertauscht. Über diese vertauschten Dinge erhältst du die Rechenaufgaben. Wie das geht? Start ist beim Hut.

Suche den Hut auf dem linken Bild. Jetzt suchst du die gleiche Stelle auf dem rechten Bild. Hier befindet sich eine andere Abbildung, nämlich eine Bluse. Male sie aus. Die Bluse liefert dir die erste Rechenaufgabe. Ganz links in der Reihe steht eine Zahl, schreibe sie auf. Subtrahiere davon die Zahl ganz oben in der Spalte.

Weiter gehts: Suche nun die Bluse im linken Bild. Welche Abbildung befindet sich im rechten Bild an dieser Stelle? So erhältst du die nächste Rechnung. So geht es immer weiter, bis du wieder zum Hut kommst.

1.	2.	3.	4.
15 – 7 = 8	14 – 6 = 8	17 – 8 = 9	13 – 5 = 8
5.	**6.**	**7.**	**8.**
12 – 5 = 7	11 – 6 = 5	14 – 5 = 9	18 – 9 = 9
9.	**10.**	**11.**	**12.**
11 – 4 = 7	13 – 7 = 6	16 – 7 = 9	17 – 9 = 8
13.	**14.**	**15.**	**16.**
16 – 9 = 7	14 – 7 = 7	12 – 8 = 4	12 – 9 = 3

Zahlenfolgen

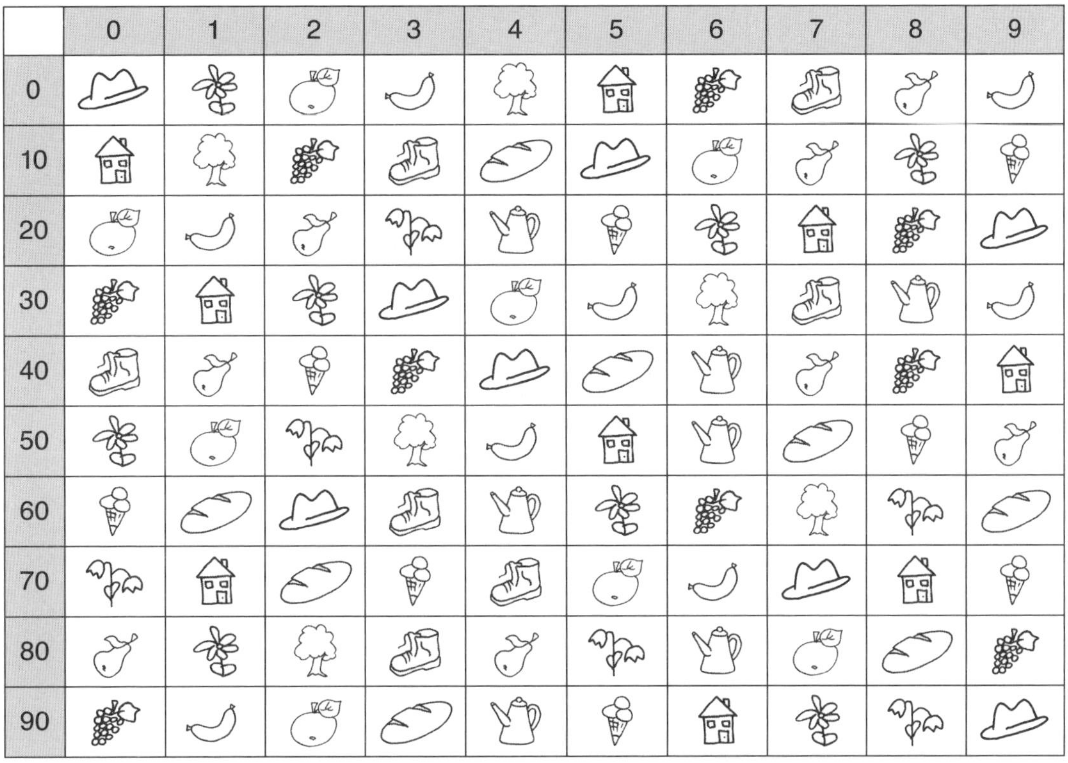

Suche diese Bildfolgen. Zu jedem Bild gibt es auch eine Zahl.
So findest du sie: Nimm die Zehnerzahl ganz links und den Einer ganz oben und setze beides zusammen.

Beispiel: 30 und 4 gibt 34.

Schreibe die Zahlenfolgen auf und male die Felder mit den Bildern aus.

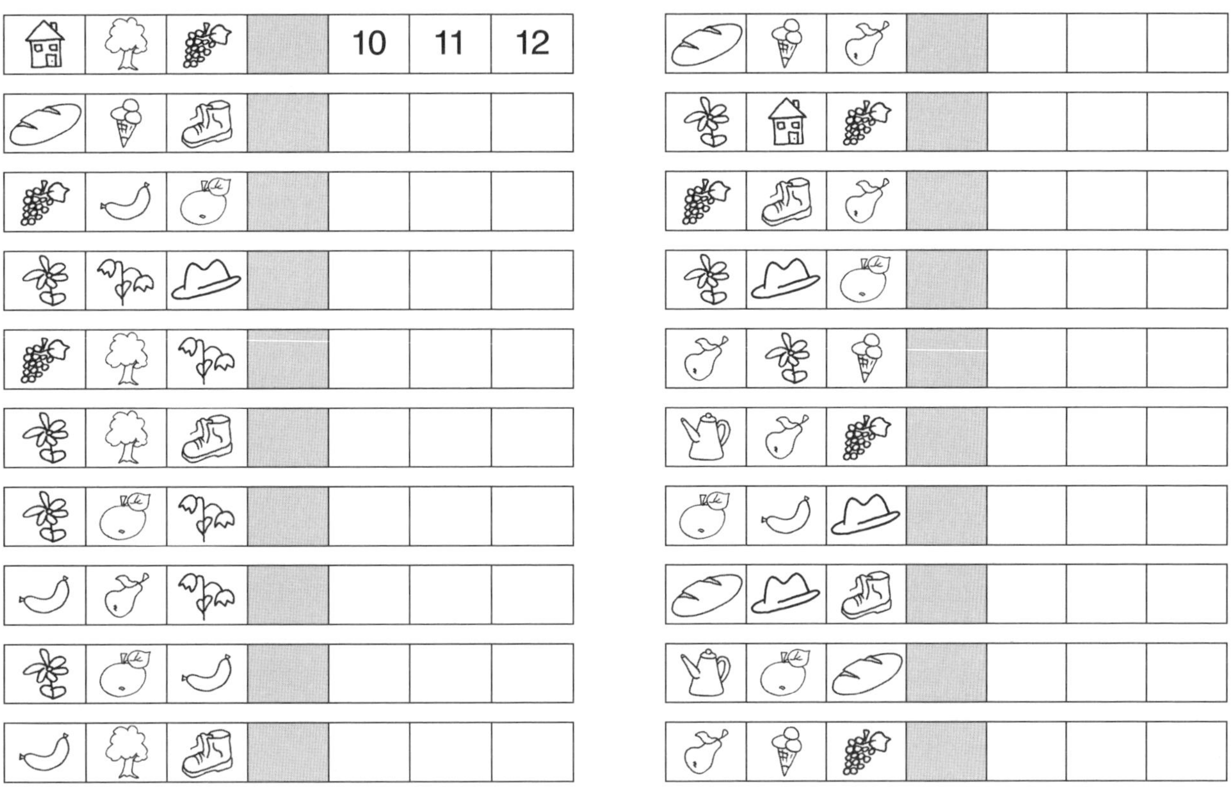

Zahlenfolgen

Lösung

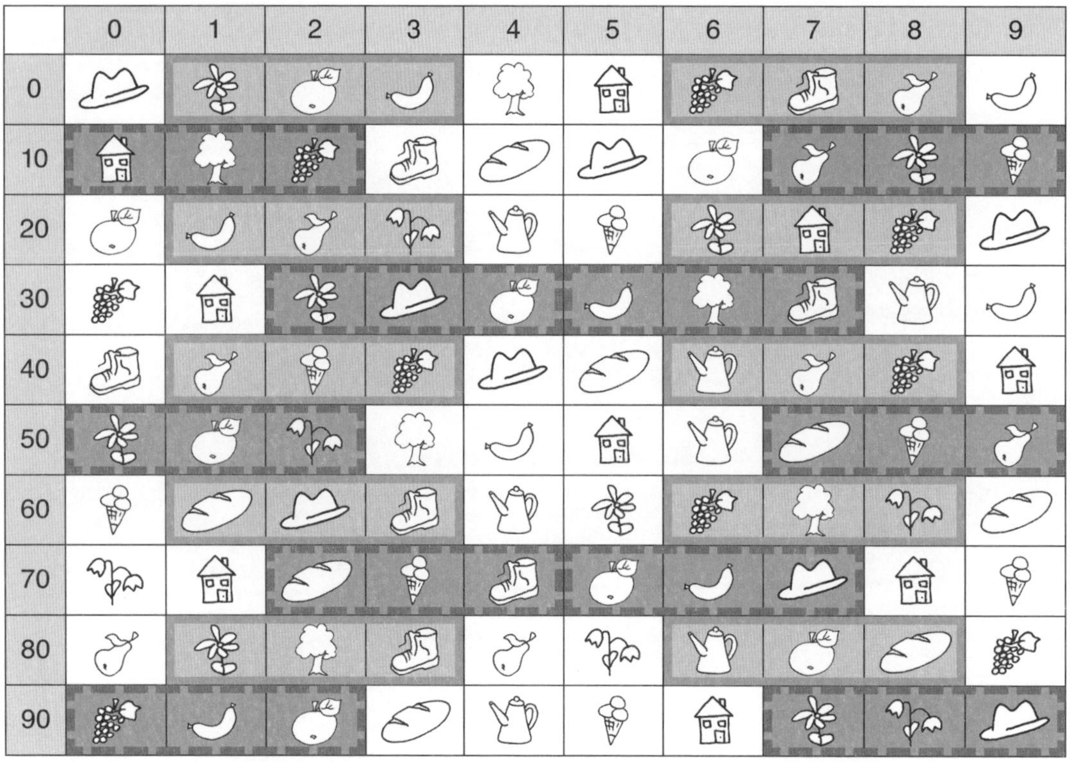

Suche diese Bildfolgen. Zu jedem Bild gibt es auch eine Zahl.
So findest du sie: Nimm die Zehnerzahl ganz links und den Einer ganz oben und setze beides zusammen.

Beispiel: 30 und 4 gibt 34.

Schreibe die Zahlenfolgen auf und male die Felder mit den Bildern aus.

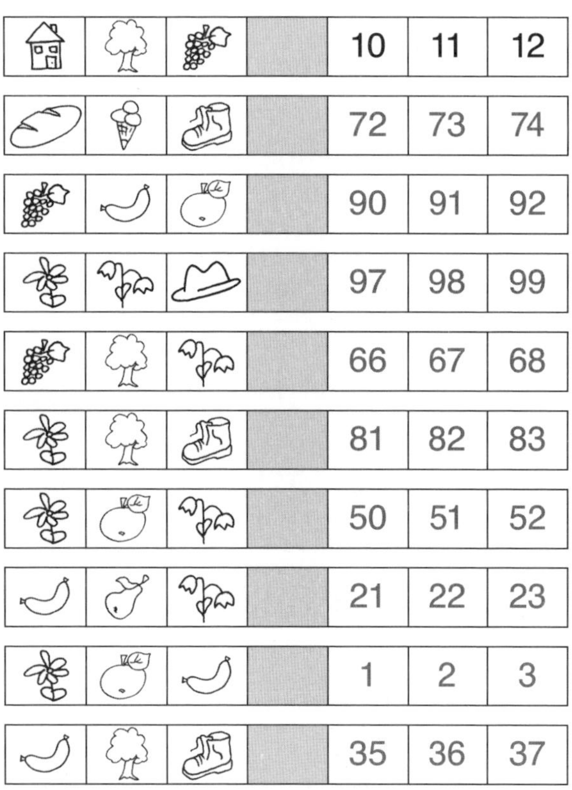

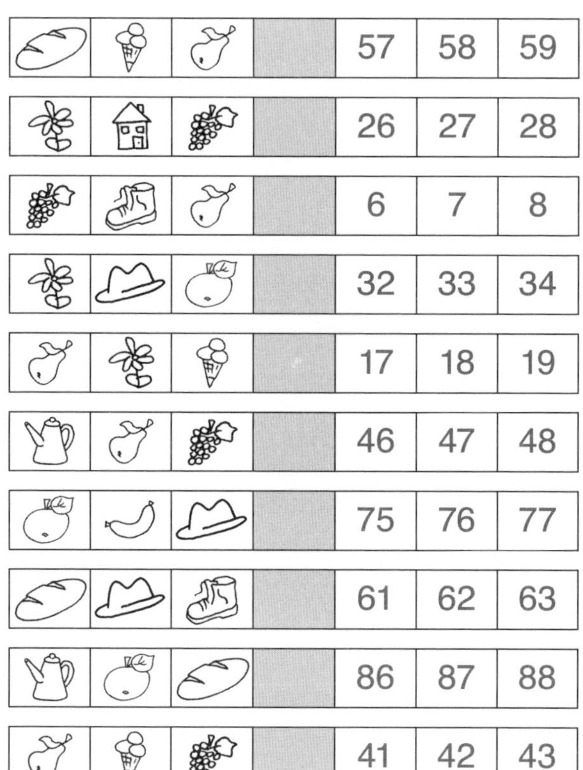

Zahlenfolgen

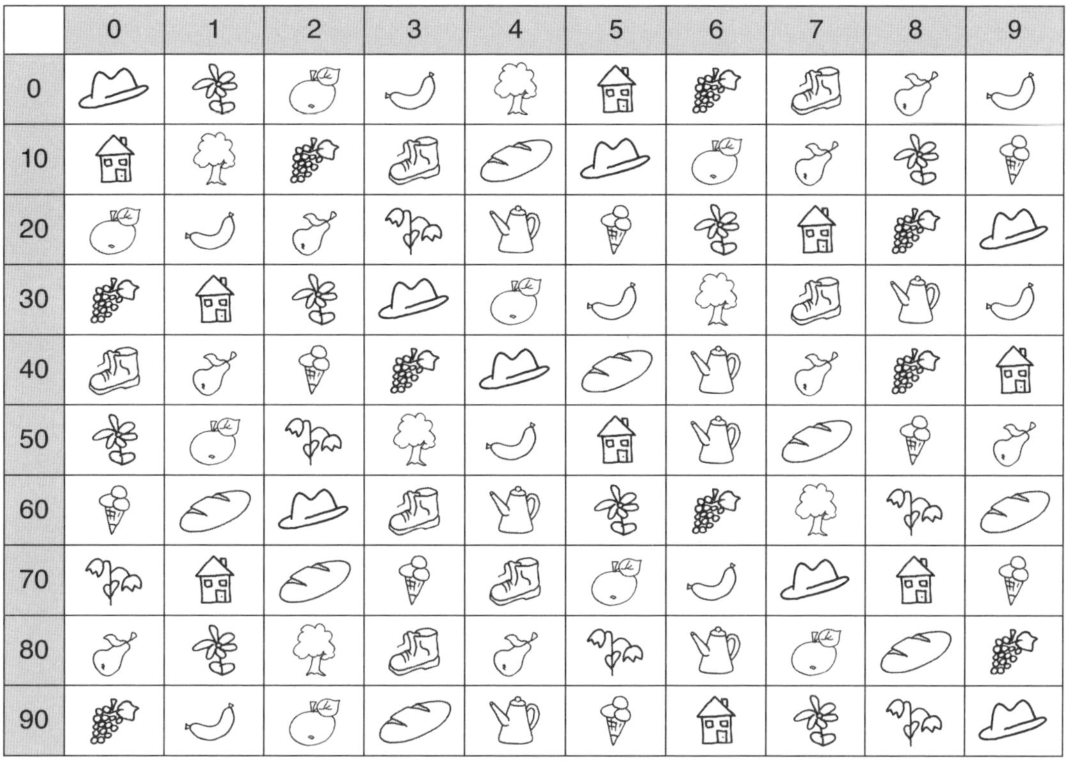

Bei diesen Aufgaben siehst du immer drei kleine Bilder nebeneinander. Suche die Bildfolgen oben. In welche Richtung die Bilder dort angeordnet sind, zeigen dir die Pfeile.

Aus den Felder mit den Bildern kannst du Zahlen bilden. Du erhältst sie, wenn du jeweils die Zehnerzahl ganz links und den Einer ganz oben zusammenfügst. Beispiel: 30 und 4 ergibt 34.

Schreibe die Zahlenfolgen auf und male die Felder mit den Bildern aus.

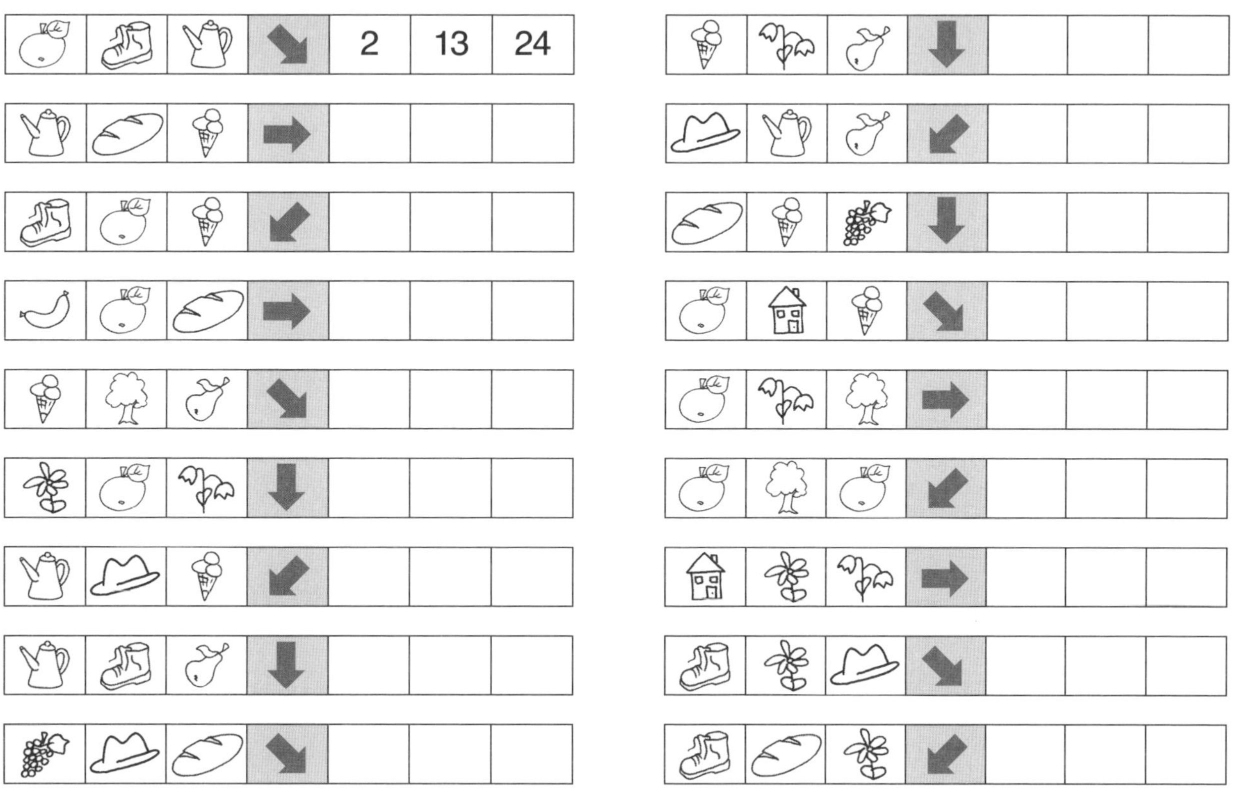

Zahlenfolgen

Lösung

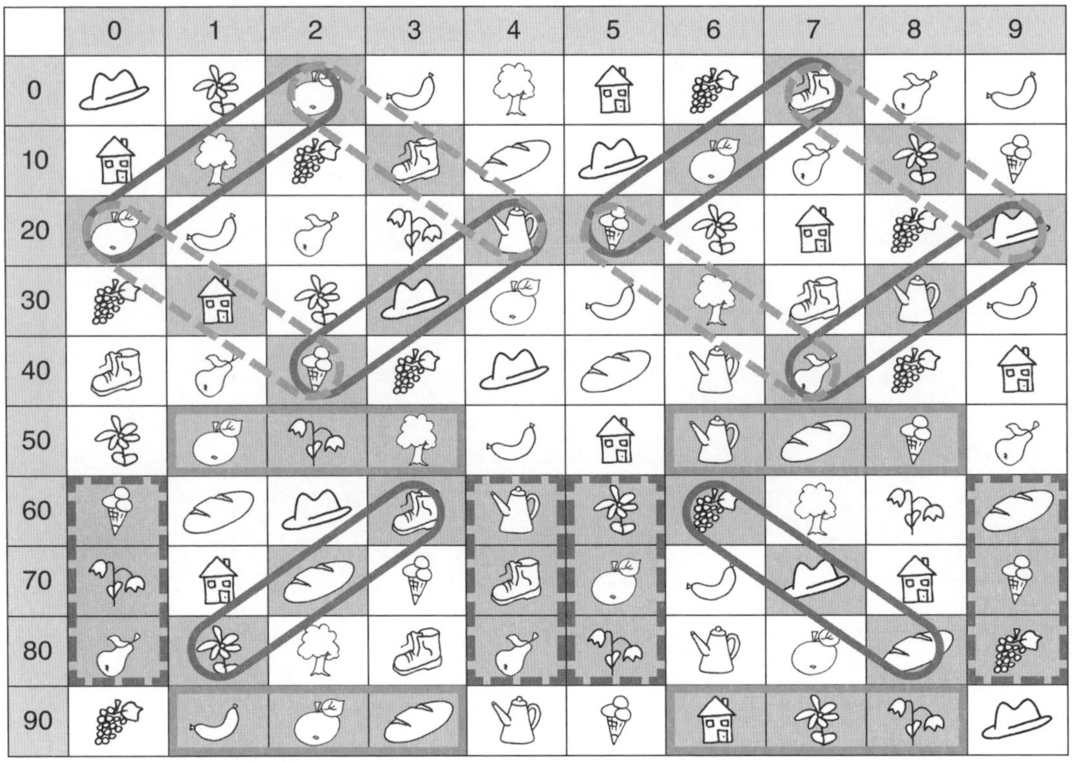

Bei diesen Aufgaben siehst du immer drei kleine Bilder nebeneinander. Suche die Bildfolgen oben. In welche Richtung die Bilder dort angeordnet sind, zeigen dir die Pfeile.
Aus den Felder mit den Bildern kannst du Zahlen bilden. Du erhältst sie, wenn du jeweils die Zehnerzahl ganz links und den Einer ganz oben zusammenfügst. Beispiel: 30 und 4 ergibt 34.
Schreibe die Zahlenfolgen auf und male die Felder mit den Bildern aus.

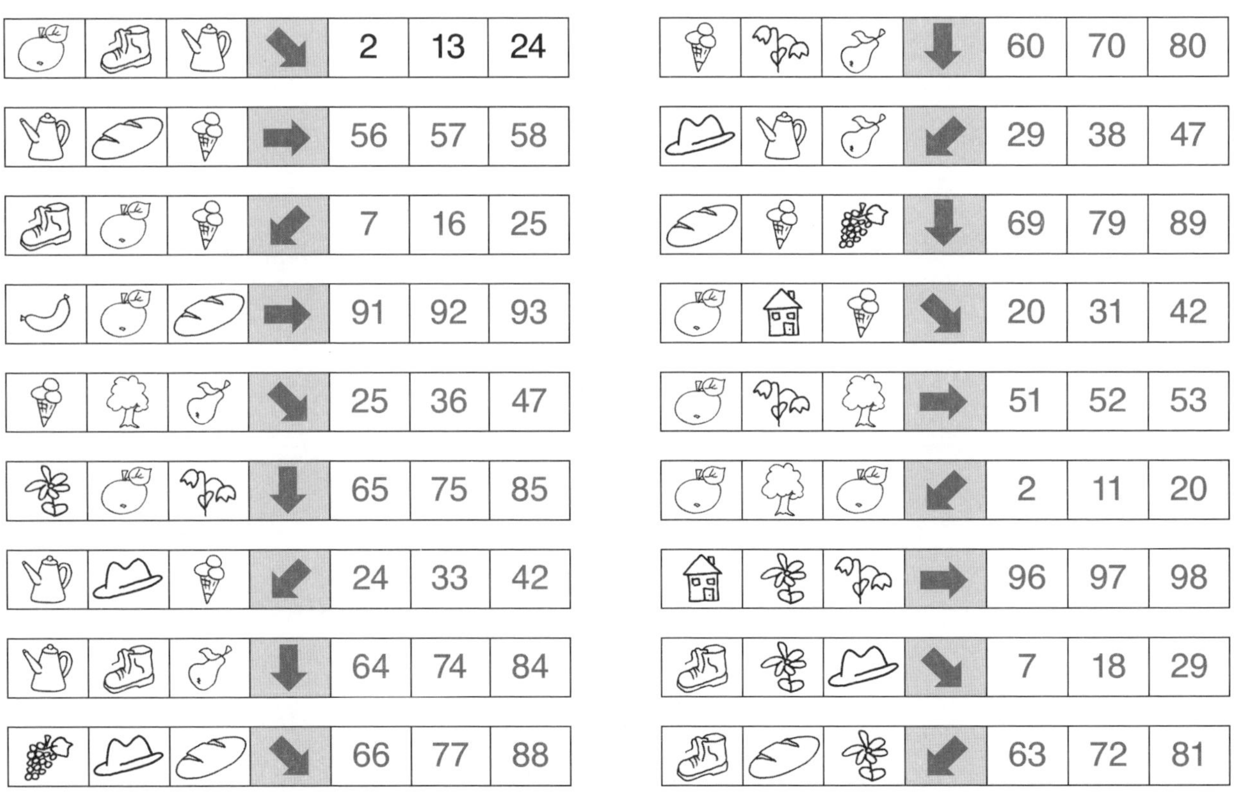

↘	2	13	24	↓	60	70	80
→	56	57	58	↙	29	38	47
↙	7	16	25	↓	69	79	89
→	91	92	93	↘	20	31	42
↘	25	36	47	→	51	52	53
↓	65	75	85	↙	2	11	20
↙	24	33	42	→	96	97	98
↓	64	74	84	↘	7	18	29
↘	66	77	88	↙	63	72	81

Strandgewimmel

Es ist viel los am Strand. Alle Strandkörbe sind besetzt. Zum Glück sind die Körbe nummeriert. Mit den Zahlen auf den Strandkörben sollst du rechnen.

Suche zuerst den kleinen Ausschnitt auf dem Wimmelbild. So bekommst du die erste Rechenzahl. Das Rechenzeichen und die zweite Zahl stehen bereits in der Aufgabe.

			+	5	=			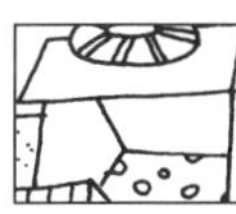			+	7	=		
			–	6	=						–	2	=		
			+	4	=						–	6	=		
			–	3	=						+	5	=		
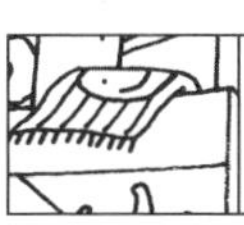			–	7	=						+	8	=		
			+	9	=						–	4	=		
			+	5	=						+	3	=		

Strandgewimmel

Lösung

Es ist viel los am Strand. Alle Strandkörbe sind besetzt. Zum Glück sind die Körbe nummeriert. Mit den Zahlen auf den Strandkörben sollst du rechnen.

Suche zuerst den kleinen Ausschnitt auf dem Wimmelbild. So bekommst du die erste Rechenzahl. Das Rechenzeichen und die zweite Zahl stehen bereits in der Aufgabe.

	4	1	+	5	=	4	6
	7	9	–	6	=	7	3
	5	5	+	4	=	5	9
	2	6	–	3	=	2	3
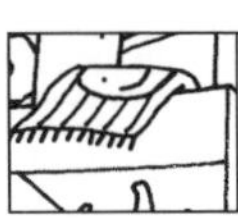	3	8	–	7	=	3	1
	6	0	+	9	=	6	9
	9	4	+	5	=	9	9

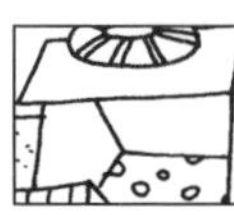	1	2	+	7	=	1	9
	6	7	–	2	=	6	5
	8	8	–	6	=	8	2
	1	3	+	5	=	1	8
	5	1	+	8	=	5	9
	4	8	–	4	=	4	4
	3	5	+	3	=	3	8

Strandgewimmel

Sommer, Sonne und Meer. Es ist viel los am Strand. Die Strandkörbe sind schon alle besetzt. Zum Glück sind die Körbe nummeriert. Mit den Zahlen auf den Strandkörben sollst du rechnen. Lies die Beschreibungen und suche die Strandkörbe auf dem Wimmelbild. Die Zahlen auf den Strandkörben sind deine Rechenzahlen. Die Rechenzeichen sind bereits eingetragen.

1.) Auf dem ersten Strandkorb liegt eine Taucherbrille, auf dem zweiten ein Fotoapparat. Bilde aus den Zahlen eine Plusaufgabe.

2	6	+			=		

2.) Auf einem Strandkorb sitzen zwei Möwen, am anderen ist ein Luftballon befestigt. Bilde aus den Zahlen eine Plusaufgabe.

		+			=		

3.) Gesucht ist ein Strandkorb, an dem eine Fahne im Wind weht, und einer, auf dem zwei Socken liegen.

		–			=		

4.) An einem Strandkorb sind zwei Fahnen befestigt, auf dem anderen liegt ein Seestern.

		–			=		

5.) Auf dem ersten Strandkorb sind drei Flaschen, auf dem anderen liegt ein Paddel.

		+			=		

6.) Auf einem Strandkorb sitzt eine Möwe, auf dem zweiten liegt ein Rettungsring.

		–			=		

7.) Gesucht ist ein Strandkorb, auf dem zwei Seesterne liegen, und einer mit einem Handtuch.

		+			=		

8.) Auf dem ersten Strandkorb liegt ein Hut, auf dem anderen ein Ball.

		–			=		

Zusatzaufgaben

a) Es gibt drei Strandkörbe mit direkt aufeinanderfolgenden Zahlen. Bilde damit eine Plusaufgabe.

		+			+			=		

b) Es gibt drei Strandkörbe, deren Zahlen aus gleichen Ziffern bestehen. Bilde mit den Zahlen eine Minusaufgabe.

		–			–			=		

Strandgewimmel

Lösung

Sommer, Sonne und Meer. Es ist viel los am Strand. Die Strandkörbe sind schon alle besetzt. Zum Glück sind die Körbe nummeriert. Mit den Zahlen auf den Strandkörben sollst du rechnen. Lies die Beschreibungen und suche die Strandkörbe auf dem Wimmelbild. Die Zahlen auf den Strandkörben sind deine Rechenzahlen. Die Rechenzeichen sind bereits eingetragen.

1.) Auf dem ersten Strandkorb liegt eine Taucherbrille, auf dem zweiten ein Fotoapparat. Bilde aus den Zahlen eine Plusaufgabe.

2	6	+	1	3	=	3	9

2.) Auf einem Strandkorb sitzen zwei Möwen, am anderen ist ein Luftballon befestigt. Bilde aus den Zahlen eine Plusaufgabe.

3	2	+	4	1	=	7	3

3.) Gesucht ist ein Strandkorb, an dem eine Fahne im Wind weht, und einer, auf dem zwei Socken liegen.

4	8	–	2	3	=	2	5

4.) An einem Strandkorb sind zwei Fahnen befestigt, auf dem anderen liegt ein Seestern.

7	9	–	4	7	=	3	2

5.) Auf dem ersten Strandkorb sind drei Flaschen, auf dem anderen liegt ein Paddel.

2	4	+	5	5	=	7	9

6.) Auf einem Strandkorb sitzt eine Möwe, auf dem zweiten liegt ein Rettungsring.

6	7	–	1	2	=	5	5

7.) Gesucht ist ein Strandkorb, auf dem zwei Seesterne liegen, und einer mit einem Handtuch.

6	0	+	3	8	=	9	8

8.) Auf dem ersten Strandkorb liegt ein Hut, auf dem anderen ein Ball.

9	4	–	1	1	=	8	3

Zusatzaufgaben

a) Es gibt drei Strandkörbe mit direkt aufeinanderfolgenden Zahlen. Bilde damit eine Plusaufgabe.

1	1	+	1	2	+	1	3	=	3	6

b) Es gibt drei Strandkörbe, deren Zahlen aus gleichen Ziffern bestehen. Bilde mit den Zahlen eine Minusaufgabe.

8	8	–	5	5	–	1	1	=	2	2

Winterstadt

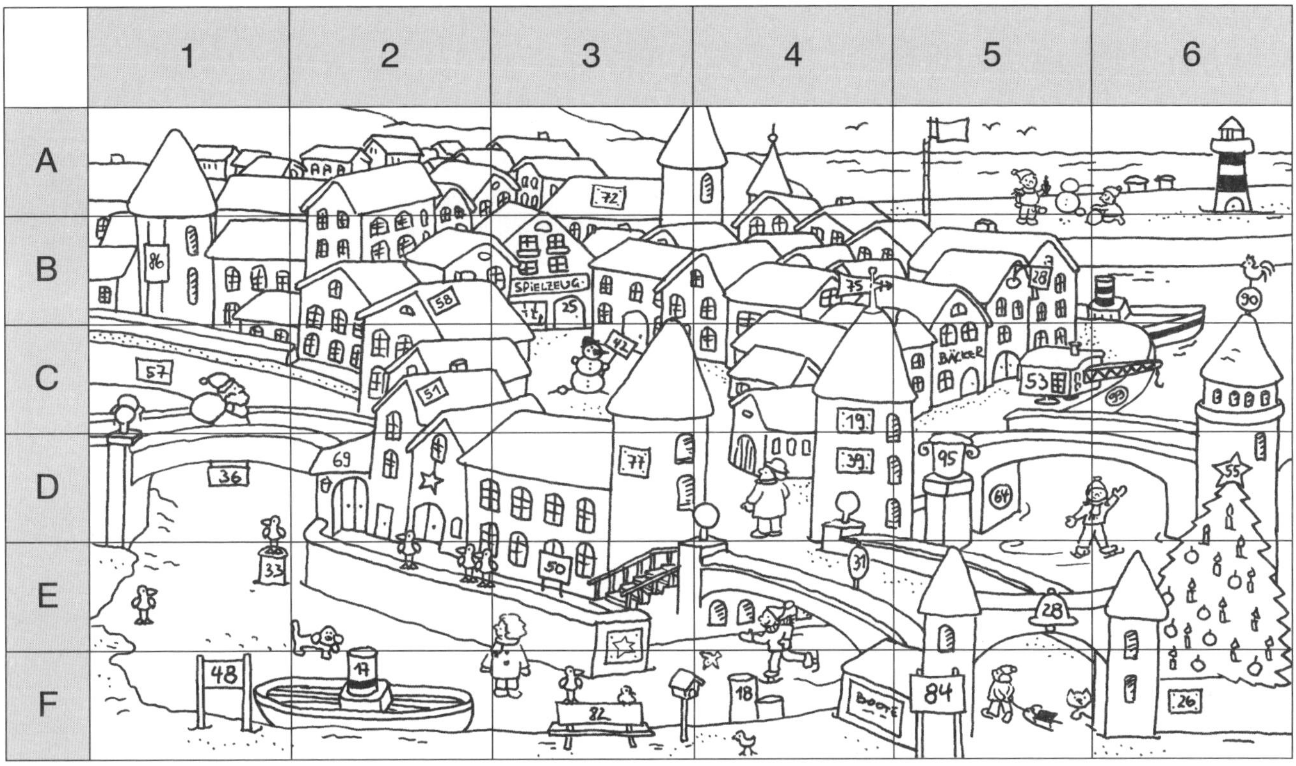

Es ist Winter. Du gehst auf Zahlenjagd kreuz und quer durch die Stadt.
Die Zahlen, die du suchen sollst, stehen in Feldern. Die Felder sind durch einen Buchstaben ganz links und eine Zahl ganz oben am Rand bestimmt.
Beispiel: Der Leuchtturm ist oben rechts im Feld A/6

1.) In der obersten Zeile gibt es nur eine Zahl.

Zahl	Feld
	A/

2.) In den übrigen Zeilen gibt es nur zwei Felder ohne Zahlen. Welche sind es?

Feld	Feld
/	/

3.) Suche den Schneemann. Welche Zahl hält er in der Hand? In welchem Feld ist er?

Zahl	Feld
	/

4.) Suche den Bildausschnitt. Welche Zahl ist in diesem Feld?

Zahl	Feld
	/

5.) Eine Zahl kommt doppelt vor. In welchen Feldern findest du sie?

Zahl	Feld	Feld
	/	/

6.) Suche den Bildausschnitt. Welche Zahl ist in diesem Feld?

Zahl	Feld
	/

7.) Es gibt zwei Zehnerzahlen auf dem Bild.

Zahl 1	Feld	Zahl 2	Feld
	/		/

8.) Suche den Bildausschnitt. Welche Zahl gehört dazu?

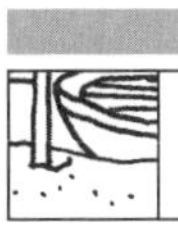

Zahl	Feld
	/

9.) Hast du die Zahl an der Spitze des Weihnachtsbaumes entdeckt?

Zahl	Feld
	/

10.) Suche den Bildausschnitt. Welche Zahl gehört dazu?

Zahl	Feld
	/

11.a) In welchem Feld findest du gleich zwei Zahlen? Bilde mit den Zahlen eine Minusaufgabe.

Feld	Zahl 1	Zahl 2				–			=		
/											

11.b) Suche das Feld mit der Ergebniszahl von Aufgabe 11.a).

Feld
/

Winterstadt

Lösung

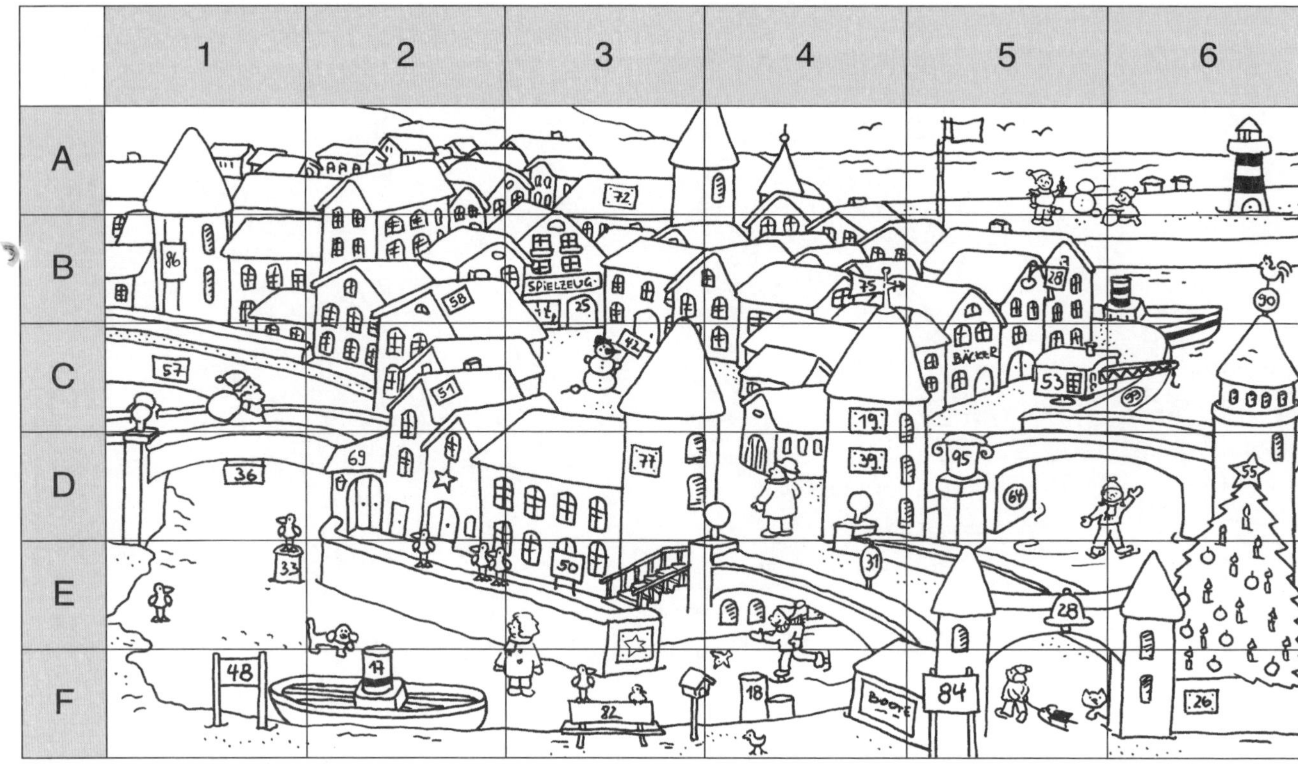

Es ist Winter. Du gehst auf Zahlenjagd kreuz und quer durch die Stadt.
Die Zahlen, die du suchen sollst, stehen in Feldern. Die Felder sind durch einen Buchstaben ganz links und eine Zahl ganz oben am Rand bestimmt.
Beispiel: Der Leuchtturm ist oben rechts im Feld A/6

1.) In der obersten Zeile gibt es nur eine Zahl.

Zahl	Feld
72	A/3

2.) In den übrigen Zeilen gibt es nur zwei Felder ohne Zahlen. Welche sind es?

Feld	Feld
E/2	E/6

3.) Suche den Schneemann. Welche Zahl hält er in der Hand? In welchem Feld ist er?

Zahl	Feld
42	C/3

4.) Suche den Bildausschnitt. Welche Zahl ist in diesem Feld?

Zahl	Feld
39	D/4

5.) Eine Zahl kommt doppelt vor. In welchen Feldern findest du sie?

Zahl	Feld	Feld
28	B/5	E/5

6.) Suche den Bildausschnitt. Welche Zahl ist in diesem Feld?

Zahl	Feld
86	B/1

7.) Es gibt zwei Zehnerzahlen auf dem Bild.

Zahl 1	Feld	Zahl 2	Feld
50	E/3	90	B/6

8.) Suche den Bildausschnitt. Welche Zahl gehört dazu?

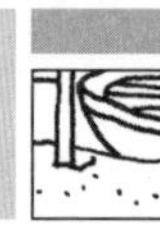

Zahl	Feld
48	F/1

9.) Hast du die Zahl an der Spitze des Weihnachtsbaumes entdeckt?

Zahl	Feld
55	D/6

10.) Suche den Bildausschnitt. Welche Zahl gehört dazu?

Zahl	Feld
57	C/1

11.a) In welchem Feld findest du gleich zwei Zahlen? Bilde mit den Zahlen eine Minusaufgabe.

Feld	Zahl 1	Zahl 2
D/5	95	64

95 – 64 = 31

11.b) Suche das Feld mit der Ergebniszahl von Aufgabe 11.a).

Feld
E/4

Winterstadt

Wintereinbruch in der Adventszeit, hurra! Die Stadt ist dick verschneit. Bist du warm angezogen? Denn jetzt gehst du kreuz und quer durch die Stadt auf Zahlenjagd. Die Zahlen, die du suchen sollst, stehen in Feldern. Die Felder sind durch einen Buchstaben am linken und eine Zahl am oberen Rand genau bestimmt.
Beispiel: Der Leuchtturm ist oben rechts im Feld A/6.

1.) Bei zwei Zahlen auf dem Bild ist der Einer das Doppelte vom Zehner. Schreibe die Zahlen und die Felder auf.

Zahl 1	Feld	Zahl 2	Feld
	/		/

2.) Bei vier Zahlen sind die Einer und die Zehner gleich. Schreibe die Zahlen und die Felder auf.

Zahl 1	Feld	Zahl 2	Feld	Zahl 3	Feld	Zahl 4	Feld
	/		/		/		/

3.) Suche den Schneemann. Welche Zahl hält er in der Hand? Suche jetzt eine Zahl, die das Doppelte davon ist. Schreibe die Zahlen und Felder auf.

Zahl	Feld	das Doppelte	Feld
	/		/

4.) Der Nikolaus geht über eine Brücke. Welche Zahl befindet sich an dieser Brücke? Suche jetzt eine Zahl, die das Doppelte davon ist.

Brückenzahl	Feld	das Doppelte	Feld
	/		/

5.) Auf zwei Türmen der Stadt befinden sich Zahlen. Schreibe die Zahlen und die Felder auf. Bilde mit den Zahlen eine Minusaufgabe.

Zahl 1	Feld	Zahl 2	Feld
	/		/

Minusaufgabe							
		–			=		

6.) Suche den Kran (Zahl 1) und den Spielzeugladen (Zahl 2). Schreibe die Zahlen und die Felder auf. Bilde mit den Zahlen eine Plusaufgabe.

Zahl 1	Feld	Zahl 2	Feld
	/		/

Plusaufgabe							
		+			=		

7.) Suche die kleinste und die höchste Zahl auf dem Bild. Schreibe beide Zahlen und die Felder auf. Bilde mit den Zahlen eine Minusaufgabe.

Zahl 1	Feld	Zahl 2	Feld
	/		/

Minusaufgabe							
		–			=		

8.) Nun musst du noch eine Zahl suchen. Wenn du sie zu der Ergebniszahl von Aufgabe 7 dazuzählst, erhältst du genau 100.

Deine Rechnung								

Zahl	Feld
	/

Winterstadt

Lösung

Wintereinbruch in der Adventszeit, hurra! Die Stadt ist dick verschneit. Bist du warm angezogen? Denn jetzt gehst du kreuz und quer durch die Stadt auf Zahlenjagd. Die Zahlen, die du suchen sollst, stehen in Feldern. Die Felder sind durch einen Buchstaben am linken und eine Zahl am oberen Rand genau bestimmt.
Beispiel: Der Leuchtturm ist oben rechts im Feld A/6.

1.) Bei zwei Zahlen auf dem Bild ist der Einer das Doppelte vom Zehner. Schreibe die Zahlen und die Felder auf.

Zahl 1	Feld	Zahl 2	Feld
36	D/1	48	F/1

2.) Bei vier Zahlen sind die Einer und die Zehner gleich. Schreibe die Zahlen und die Felder auf.

Zahl 1	Feld	Zahl 2	Feld	Zahl 3	Feld	Zahl 4	Feld
33	E/1	55	D/6	77	D/3	99	C/6

3.) Suche den Schneemann. Welche Zahl hält er in der Hand? Suche jetzt eine Zahl, die das Doppelte davon ist. Schreibe die Zahlen und Felder auf.

Zahl	Feld	das Doppelte	Feld
42	C/3	84	F/5

4.) Der Nikolaus geht über eine Brücke. Welche Zahl befindet sich an dieser Brücke? Suche jetzt eine Zahl, die das Doppelte davon ist.

Brückenzahl	Feld	das Doppelte	Feld
36	D/1	72	A/3

5.) Auf zwei Türmen der Stadt befinden sich Zahlen. Schreibe die Zahlen und die Felder auf. Bilde mit den Zahlen eine Minusaufgabe.

Zahl 1	Feld	Zahl 2	Feld
90	B/6	75	B/4

Minusaufgabe: 9 0 – 7 5 = 1 5

6.) Suche den Kran (Zahl 1) und den Spielzeugladen (Zahl 2). Schreibe die Zahlen und die Felder auf. Bilde mit den Zahlen eine Plusaufgabe.

Zahl 1	Feld	Zahl 2	Feld
53	C/5	25	B/3

Plusaufgabe: 5 3 + 2 5 = 7 8

7.) Suche die kleinste und die höchste Zahl auf dem Bild. Schreibe beide Zahlen und die Felder auf. Bilde mit den Zahlen eine Minusaufgabe.

Zahl 1	Feld	Zahl 2	Feld
99	C/6	17	F/2

Minusaufgabe: 9 9 – 1 7 = 8 2

8.) Nun musst du noch eine Zahl suchen. Wenn du sie zu der Ergebniszahl von Aufgabe 7 dazuzählst, erhältst du genau 100.

8 2 + 1 8 = 1 0 0

1 0 0 – 8 2 = 1 8

Zahl	Feld
18	F/4

Krippenspiel

14 Kleinigkeiten sind im rechten Bild anders als im linken. In jeder Zeile von A bis G gibt es zwei Unterschiede. Zu jedem Feld, in dem du einen Unterschied findest, gehören zwei Zahlen, eine ganz links und eine ganz oben. Bilde damit eine Plusaufgabe. Beispiel: Der Kopf der Kuh ist in Zeile E im Feld 25 (links) und 24 (oben). Die Aufgabe ist also 25 + 24.

Zeile								
A	1	4	+			=		
B			+			=		
C			+			=		
D			+			=		
E			+			=		
F			+			=		
G			+			=		

Zeile								
A			+			=		
B			+			=		
C			+			=		
D			+			=		
E			+			=		
F			+			=		
G			+			=		

Krippenspiel

Lösung

14 Kleinigkeiten sind im rechten Bild anders als im linken. In jeder Zeile von A bis G gibt es zwei Unterschiede. Zu jedem Feld, in dem du einen Unterschied findest, gehören zwei Zahlen, eine ganz links und eine ganz oben. Bilde damit eine Plusaufgabe. Beispiel: Der Kopf der Kuh ist in Zeile E im Feld 25 (links) und 24 (oben). Die Aufgabe ist also 25 + 24.

Zeile								
A	1	4	+	1	5	=	2	9
B	5	1	+	2	4	=	7	5
C	3	0	+	3	3	=	6	3
D	4	3	+	1	5	=	5	8
E	2	5	+	3	3	=	5	8
F	3	2	+	1	5	=	4	7
G	1	6	+	3	3	=	4	9

Zeile								
A	1	4	+	1	0	=	2	4
B	5	1	+	3	3	=	8	4
C	3	0	+	4	2	=	7	2
D	4	3	+	1	0	=	5	3
E	2	5	+	4	2	=	6	7
F	3	2	+	4	2	=	7	4
G	1	6	+	4	2	=	5	8

Krippenspiel

Kurz vor Weihnachten, es ist die Zeit der Krippenspiele. Wenn du genau hinsiehst, entdeckst du, dass es zwischen den beiden Bildern einige Unterschiede gibt.
Im rechten Bild sind 14 Kleinigkeiten anders als im linken. In jeder Zeile von A bis G gibt es zwei Unterschiede. Zu jedem Feld, in dem du einen Unterschied findest, gehören zwei Zahlen, eine ganz links und eine ganz oben. Bilde damit eine Minusaufgabe. Beispiel: Der Kopf der Kuh ist in Zeile E im Feld 97 (links) und 15 (oben). Die Aufgabe ist also 97 – 15.

Zeile								
A	7	8	–			=		
B			–			=		
C			–			=		
D			–			=		
E			–			=		
F			–			=		
G			–			=		

Zeile								
A			–			=		
B			–			=		
C			–			=		
D			–			=		
E			–			=		
F			–			=		
G			–			=		

Krippenspiel

Lösung

Kurz vor Weihnachten, es ist die Zeit der Krippenspiele. Wenn du genau hinsiehst, entdeckst du, dass es zwischen den beiden Bildern einige Unterschiede gibt. Im rechten Bild sind 14 Kleinigkeiten anders als im linken. In jeder Zeile von A bis G gibt es zwei Unterschiede. Zu jedem Feld, in dem du einen Unterschied findest, gehören zwei Zahlen, eine ganz links und eine ganz oben. Bilde damit eine Minusaufgabe. Beispiel: Der Kopf der Kuh ist in Zeile E im Feld 97 (links) und 15 (oben). Die Aufgabe ist also 97 – 15.

Zeile								
A	7	8	–	1	5	=	6	3
B	4	5	–	1	5	=	3	0
C	6	9	–	1	5	=	5	4
D	8	6	–	4	2	=	4	4
E	9	7	–	3	3	=	6	4
F	6	0	–	3	3	=	2	7
G	8	9	–	3	3	=	5	6

Zeile								
A	7	8	–	5	1	=	2	7
B	4	5	–	2	4	=	2	1
C	6	9	–	2	4	=	4	5
D	8	6	–	2	4	=	6	2
E	9	7	–	5	1	=	4	6
F	6	0	–	4	2	=	1	8
G	8	9	–	5	1	=	3	8

Auf dem Dampfer

Die Mona Lisa fährt gleich los. Suche die Bildausschnitte.
Jeder Ausschnitt gehört zu einem Feld des Bildes und zu jedem Feld gehören zwei Zahlen. Eine Zahl findest du am linken Bildrand und eine ganz oben.
Bilde damit die Plus- und Minusaufgaben.

	2	7	+		=						+		=		
			–		=			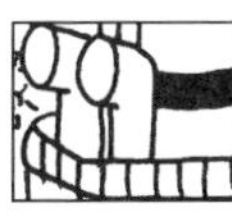			+		=		
			–		=			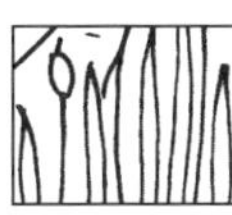			–		=		
			+		=						–		=		
			–		=						–		=		
			+		=						–		=		
			+		=						+		=		

Auf dem Dampfer

Lösung

Die Mona Lisa fährt gleich los. Suche die Bildausschnitte.
Jeder Ausschnitt gehört zu einem Feld des Bildes und zu jedem Feld gehören zwei Zahlen. Eine Zahl findest du am linken Bildrand und eine ganz oben.
Bilde damit die Plus- und Minusaufgaben.

	2	7	+	7	=	3	4		7	9	+	5	=	8	4
	5	4	−	7	=	4	7	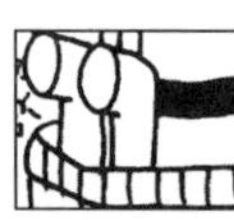	6	5	+	8	=	7	3
	9	2	−	6	=	8	6		4	6	−	9	=	3	7
	3	3	+	8	=	4	1		6	5	−	6	=	5	9
	8	1	−	9	=	7	2		9	2	−	5	=	8	7
	7	9	+	6	=	8	5		8	1	−	8	=	7	3
	2	7	+	6	=	3	3		4	6	+	6	=	5	2

Auf dem Dampfer

Kurz nach Sonnenaufgang ist die Mona Lisa bereit zum Ablegen. Gleich geht die Fahrt los. Vorher musst du aber noch einzelne Personen oder Dinge im Bild entdecken. Diese befinden sich in verschiedenen Feldern des Bildes. Zu jedem Feld gehören zwei Zahlen, eine am linken Bildrand und eine ganz oben. Bilde aus diesen beiden Zahlen die Plus- und Minusaufgaben.

1.) In welchem Feld befindet sich die Sonne?

1	4	+		=		

2.) Die Flagge am Heck des Schiffes ist nicht schwer zu entdecken.

		+		=		

3.) Eine Ente mit ihren Küken macht einen Ausflug. Suche das Feld mit der Mutterente.

		–		=		

4.) Ein Mann mit Hut steht über dem Schaufelrad an der Reling. Er lacht und winkt jemandem zu.

		–		=	

5.) Am Bug des Schiffes befindet sich der Anker. Er ist bereits eingeholt worden, gleich geht es los.

		+		=		

6.) Wo befindet sich das Steuerrad des Schiffes?

		–		=		

7.) Auf einem Pfahl sitzen zwei Möwen. Kannst du sie entdecken?

		+		=		

8.) Ein Passagier hält einen Luftballon in der Hand. In welchem Feld ist der Luftballon?

		+		=		

9.) Ein kleines Boot schwimmt neben dem mächtigen Dampfer.

		–		=		

10.) Das Bild eines Ankers findest du auf dem Schornstein des Dampfers.

		–		=		

11.) An der Reling steht ein Mann mit Hut. Er hält eine Gummiente.

		+		=		

12.) Suche zum Schluss einen Matrosen mit Schirmmütze und einem Anker auf seinem Hemd.

		–		=		

Auf dem Dampfer

Lösung

	85	57	28	14	91	43	36	69
7								
9								
6								
5								
8								

Kurz nach Sonnenaufgang ist die Mona Lisa bereit zum Ablegen. Gleich geht die Fahrt los. Vorher musst du aber noch einzelne Personen oder Dinge im Bild entdecken. Diese befinden sich in verschiedenen Feldern des Bildes. Zu jedem Feld gehören zwei Zahlen, eine am linken Bildrand und eine ganz oben. Bilde aus diesen beiden Zahlen die Plus- und Minusaufgaben.

1.) In welchem Feld befindet sich die Sonne?

1	4	+	7	=	2	1

2.) Die Flagge am Heck des Schiffes ist nicht schwer zu entdecken.

8	5	+	6	=	9	1

3.) Eine Ente mit ihren Küken macht einen Ausflug. Suche das Feld mit der Mutterente.

3	6	–	8	=	2	8

4.) Ein Mann mit Hut steht über dem Schaufelrad an der Reling. Er lacht und winkt jemandem zu.

1	4	–	6	=	8

5.) Am Bug des Schiffes befindet sich der Anker. Er ist bereits eingeholt worden, gleich geht es los.

3	6	+	5	=	4	1

6.) Wo befindet sich das Steuerrad des Schiffes?

4	3	–	9	=	3	4

7.) Auf einem Pfahl sitzen zwei Möwen. Kannst du sie entdecken?

6	9	+	9	=	7	8

8.) Ein Passagier hält einen Luftballon in der Hand. In welchem Feld ist der Luftballon?

6	9	+	6	=	7	5

9.) Ein kleines Boot schwimmt neben dem mächtigen Dampfer.

5	7	–	8	=	4	9

10.) Das Bild eines Ankers findest du auf dem Schornstein des Dampfers.

9	1	–	7	=	8	4

11.) An der Reling steht ein Mann mit Hut. Er hält eine Gummiente.

2	8	+	5	=	3	3

12.) Suche zum Schluss einen Matrosen mit Schirmmütze und einem Anker auf seinem Hemd.

4	3	–	5	=	3	8

Sommer in der Stadt

Suche die Bildausschnitte und lies die Beschreibungen. Deine Entdeckungen befinden sich in verschiedenen Feldern des Bildes. Zu jedem Feld gehören zwei Zahlen, eine am linken Bildrand und eine ganz oben. Aus diesen beiden Zahlen bildest du Plus- oder Minusaufgaben.

1.)

	4	8	+			=		

2.)

			–			=		

3.)

			+			=		

4.)

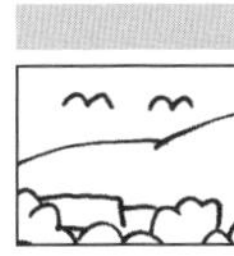			+			=		

5.)

			–			=		

6.)

			–			=		

7.)

			+			=		

8.)

			–			=		

9.) Suche den Fallschirmspringer.

3	5	+			=		

10.) Vor dem Krankenhaus hält ein Krankenwagen.

		–			=		

11.) Neben dem Denkmal steht eine Frau, sie trägt zwei Einkaufstaschen.

	+			=		

12.) Ein Auto fährt zum Tanken zu einer Tankstelle.

		–			=		

Sommer in der Stadt

Lösung

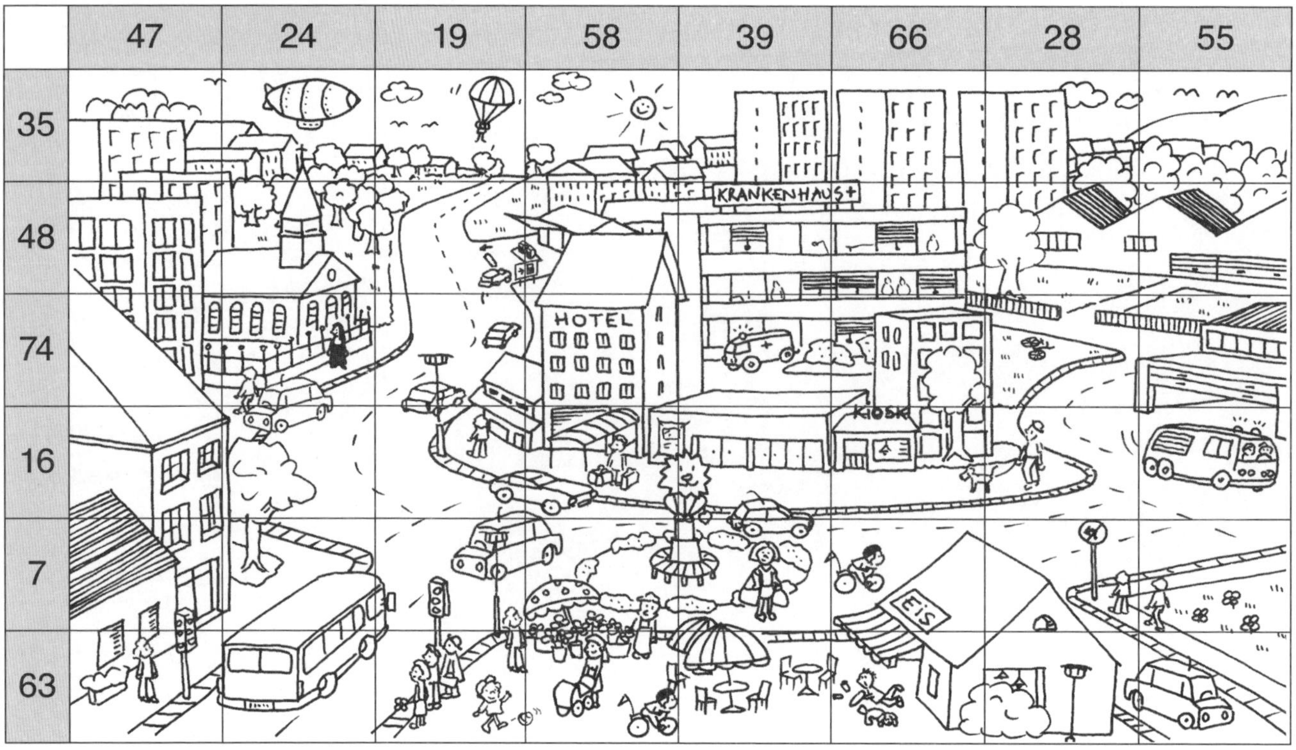

Suche die Bildausschnitte und lies die Beschreibungen. Deine Entdeckungen befinden sich in verschiedenen Feldern des Bildes. Zu jedem Feld gehören zwei Zahlen, eine am linken Bildrand und eine ganz oben. Aus diesen beiden Zahlen bildest du Plus- oder Minusaufgaben.

1.)

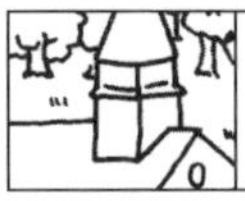	4	8	+	2	4	=	7	2

2.)

	6	3	–	3	9	=	2	4

3.)

	1	6	+	2	8	=	4	4

4.)

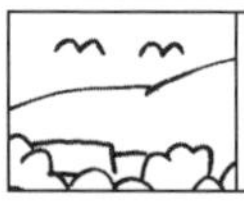	3	5	+	5	5	=	9	0

5.)

	7	4	–	5	8	=	1	6

6.)

	6	3	–	4	7	=	1	6

7.)

	1	6	+	4	7	=	6	3

8.)

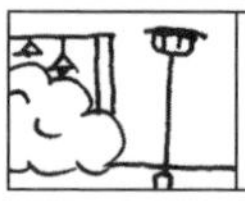	6	3	–	2	8	=	3	5

9.) Suche den Fallschirmspringer.

3	5	+	1	9	=	5	4

10.) Vor dem Krankenhaus hält ein Krankenwagen.

7	4	–	3	9	=	3	5

11.) Neben dem Denkmal steht eine Frau, sie trägt zwei Einkaufstaschen.

7	+	3	9	=	4	6

12.) Ein Auto fährt zum Tanken zu einer Tankstelle.

4	8	–	1	9	=	2	9

Sommer in der Stadt

Auf diesem Stadtbild sollst du einzelne Personen oder Dinge entdecken. Bei den ersten vier Aufgaben sind es Bildausschnitte, die du suchen sollst. Bei den letzten vier Aufgaben musst du Beschreibungen lesen. Deine Entdeckungen befinden sich in verschiedenen Feldern des Bildes. Zu jedem Feld gehören zwei Zahlen, eine am linken Bildrand und eine ganz oben. Bilde aus diesen beiden Zahlen Plus- oder Minusaufgaben.

1.)

	7	2	–			=	

2.)

			+			=		

3.)

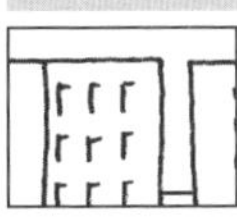			–			=		

4.)

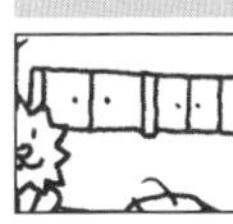			–			=		

5.) Suche den Zeppelin. Bilde aus den Zahlen des Feldes eine Plusaufgabe.

		+			=		

6.) Suche eine Frau mit einem Kinderwagen. Bilde mit den Zahlen eine Minusaufgabe.

		–			=		

7.) Suche ein Feuerwehrauto, das gerade zu einem Einsatz unterwegs ist. Bilde eine Minusaufgabe.

		–			=		

8.) Vor der Kirche steht eine Nonne. Bilde mit den Zahlen eine Minusaufgabe.

		–			=	

9.) Vor dem Café stolpert ein Kellner über einen vorbeilaufenden Hund. Bilde eine Plusaufgabe.

		+			=		

10.) In der Nähe der Feuerwehr liegt ein Fahrrad im Gras. Bilde eine Plusaufgabe.

		+		=		

11.) Ein Verkehrsschild zeigt an, dass dort das Abbiegen nach links verboten ist. Bilde eine Plusaufgabe.

		+		=		

12.) An einer Ampel warten drei Personen. Bilde eine Minusaufgabe.

		–			=		

Sommer in der Stadt

Lösung

	36	58	63	18	25	50	8	37
29								
17								
65								
72								
56								
44								

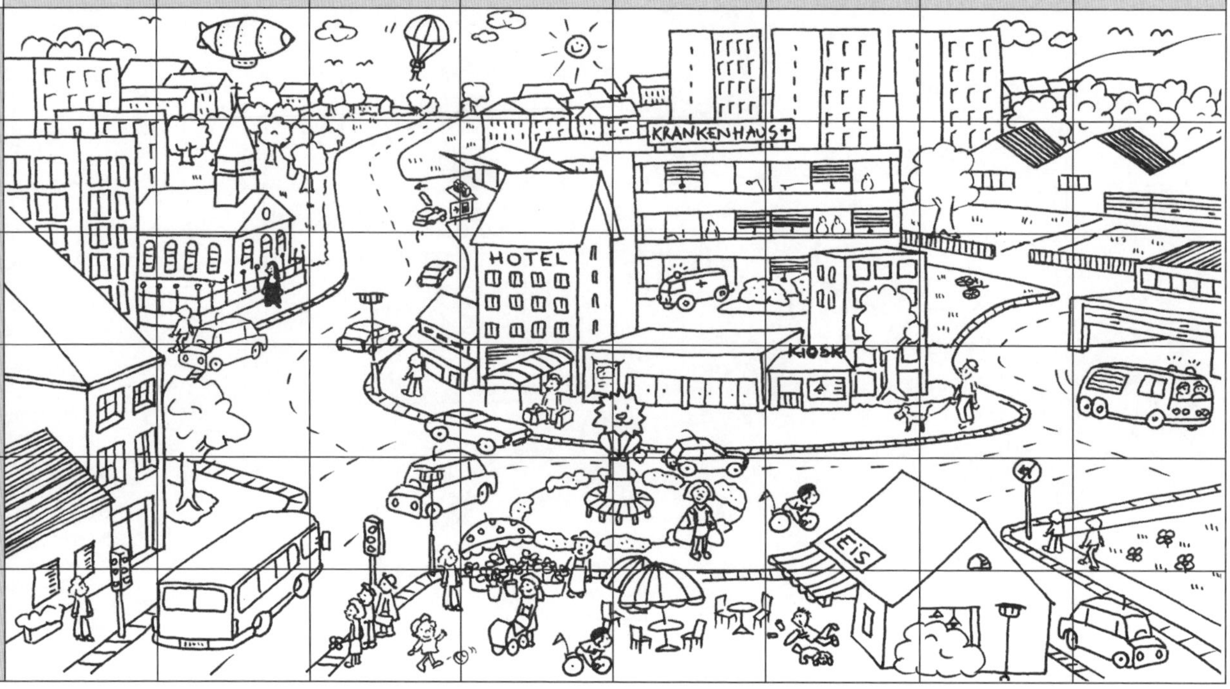

Auf diesem Stadtbild sollst du einzelne Personen oder Dinge entdecken. Bei den ersten vier Aufgaben sind es Bildausschnitte, die du suchen sollst. Bei den letzten vier Aufgaben musst du Beschreibungen lesen. Deine Entdeckungen befinden sich in verschiedenen Feldern des Bildes. Zu jedem Feld gehören zwei Zahlen, eine am linken Bildrand und eine ganz oben. Bilde aus diesen beiden Zahlen Plus- oder Minusaufgaben.

1.)

72 – 63 = 9

2.)

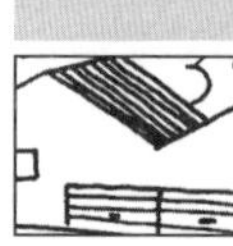

17 + 37 = 54

3.)

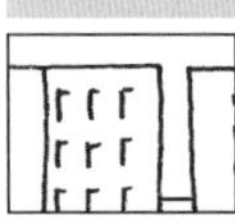

50 – 29 = 21

4.)

72 – 25 = 47

5.) Suche den Zeppelin. Bilde aus den Zahlen des Feldes eine Plusaufgabe.

29 + 58 = 87

6.) Suche eine Frau mit einem Kinderwagen. Bilde mit den Zahlen eine Minusaufgabe.

44 – 18 = 26

7.) Suche ein Feuerwehrauto, das gerade zu einem Einsatz unterwegs ist. Bilde eine Minusaufgabe.

72 – 37 = 35

8.) Vor der Kirche steht eine Nonne. Bilde mit den Zahlen eine Minusaufgabe.

65 – 58 = 7

9.) Vor dem Café stolpert ein Kellner über einen vorbeilaufenden Hund. Bilde eine Plusaufgabe.

44 + 50 = 94

10.) In der Nähe der Feuerwehr liegt ein Fahrrad im Gras. Bilde eine Plusaufgabe.

65 + 8 = 73

11.) Ein Verkehrsschild zeigt an, dass dort das Abbiegen nach links verboten ist. Bilde eine Plusaufgabe.

56 + 8 = 64

12.) An einer Ampel warten drei Personen. Bilde eine Minusaufgabe.

63 – 44 = 19